Wissenschaftliche Reihe
Fahrzeugtechnik Universität Stuttgart

Reihe herausgegeben von

André Casal Kulzer , Stuttgart, Deutschland

Hans-Christian Reuss, Stuttgart, Deutschland

Andreas Wagner, Stuttgart, Deutschland

Das Institut für Fahrzeugtechnik Stuttgart (IFS) an der Universität Stuttgart forscht interdisziplinär sowie technologieoffen an modernen und zukunftsorientierten Fahrzeugkonzepten. In enger Zusammenarbeit mit Partnern aus Industrie und Wissenschaft entstehen neue Lösungen für die Mobilität der Zukunft. Das Institut gliedert sich in drei spezialisierte Lehrstühle, die gemeinsam das gesamte Spektrum der Fahrzeugtechnik abdecken: Der **Lehrstuhl für Fahrzeugantriebssysteme** widmet sich der Forschung nachhaltiger Antriebslösungen für künftige Mobilitätskonzepte. Im Fokus stehen alternative, elektrische sowie hybride Antriebssysteme und deren Komponenten – einschließlich der Nutzung nachhaltiger Energieträger wie Wasserstoff, synthetischer Kraftstoffe und Batterien. Der **Lehrstuhl für Kraftfahrzeugmechatronik** beschäftigt sich mit vernetzten, intelligenten und adaptiven Fahrzeugen. Im Zentrum stehen Fragestellungen zum Automatisierten und Vernetzten Fahren, Diagnose, Ladetechnologien, verteilte Systeme sowie softwarebasierte Fahrzeugfunktionen. Der **Lehrstuhl für Kraftfahrwesen** erforscht die physikalischen Grundlagen der Auslegung zukünftiger Fahrzeugkonzepte. Im Mittelpunkt stehen die Bereiche Aerodynamik, Windkanaltechnik, Akustik/NVH, Fahrzeugdynamik, Reifenmanagement und Thermomanagement Gesamtfahrzeug. Das IFS verfügt über eine vielfältige und hochmoderne Forschungsinfrastruktur, die realitätsnahe Untersuchungen vom Einzelbauteil bis zum Gesamtfahrzeug ermöglicht. Besonders hervorzuheben sind der Multikonfigurations- und Antriebsprüfstand für komplexe Antriebskonzepte, der Stuttgarter Fahrsimulator zur Untersuchung menschlichen Fahrverhaltens, der Aeroakustik-Fahrzeugwindkanal für akustische und strömungstechnische Fragestellungen sowie der Thermowindkanal zur Analyse thermischer Prozesse im Gesamtfahrzeug. Die wissenschaftliche Reihe "Fahrzeugtechnik Universität Stuttgart" dokumentiert die im Rahmen von Promotionen am IFS entstandene Beiträge zur Mobilität der Zukunft und zeigt deren thematische Vielfalt, methodische Tiefe und Praxisrelevanz.

Reihe herausgegeben von

Prof. Dr.-Ing. André Casal Kulzer
Lehrstuhl für Fahrzeugantriebssysteme
Institut für Fahrzeugtechnik Stuttgart
Universität Stuttgart
Stuttgart, Deutschland

Prof Dr.-Ing. Andreas Wagner
Lehrstuhl für Kraftfahrwesen
Institut für Fahrzeugtechnik Stuttgart
Universität Stuttgart
Stuttgart, Deutschland

Prof. Dr.-Ing. Hans-Christian Reuss
Lehrstuhl für
Kraftfahrzeugmechatronik
Institut für Fahrzeugtechnik Stuttgart
Universität Stuttgart
Stuttgart, Deutschland

Sebastian Thomas Maier

Automatisierte Modelloptimierung für Fahrzeuge mit Anhänger

Ein Validierungsansatz auf Basis der Partikelschwarmoptimierung

 Springer Vieweg

Sebastian Thomas Maier
IFS, Fakultät 7, Lehrstuhl für
Kraftfahrzeugmechatronik
Universität Stuttgart
Stuttgart, Deutschland

Zugl.: Dissertation Universität Stuttgart, 2025 D93

ISSN 2567-0042 ISSN 2567-0352 (electronic)
Wissenschaftliche Reihe Fahrzeugtechnik Universität Stuttgart
ISBN 978-3-658-51621-5 ISBN 978-3-658-51622-2 (eBook)
https://doi.org/10.1007/978-3-658-51622-2

Die Deutsche Nationalbibliothek verzeichnet diese Publikation in der Deutschen Nationalbiblio-
grafie; detaillierte bibliografische Daten sind im Internet über https://portal.dnb.de abrufbar.

Planung/Lektorat: Carina Reibold
Springer Vieweg ist ein Imprint der eingetragenen Gesellschaft Springer Fachmedien Wiesbaden
GmbH und ist ein Teil von Springer Nature.
Die Anschrift der Gesellschaft ist: Abraham-Lincoln-Str. 46, 65189 Wiesbaden, Germany

Vorwort

Die vorliegende Arbeit entstand während meiner Tätigkeit als wissenschaftlicher Mitarbeiter am Forschungsinstitut für Kraftfahrwesen und Fahrzeugmotoren Stuttgart unter der Leitung von Herrn Prof. Dr.-Ing. H.-C. Reuss.

Mein besonderer Dank gilt Herrn Prof. Dr.-Ing. H.-C. Reuss, der sich trotz hoher Auslastung und unmittelbar vor seinem wohlverdienten Ruhestand bereit erklärt hat, die Betreuung dieser Arbeit zu übernehmen. Seine fachliche Unterstützung und die stets konstruktiven Rückmeldungen waren von unschätzbarem Wert.

Herrn Prof. Dr.-Ing. Günther Prokop danke ich herzlich für die kurzfristige Zusage und sein Interesse an dieser Dissertation. Für seine zielorientierte Unterstützung und flexible Begleitung als Mitberichter bin ich sehr dankbar.

Besonders bedanken möchte ich mich bei meiner Frau Sonia, die sich in dieser intensiven Zeit mit großer Hingabe um unsere kleine Tochter gekümmert hat und manche Abende allein verbrachte, während ich noch am Schreibtisch saß. Ohne ihre Geduld und Rücksichtnahme wäre diese Arbeit in dieser Form nicht möglich gewesen.

Ein weiteres großes Dankeschön geht an meinen Freund Mathias, der mich stets mit aktuellen Informationen versorgt und mir in entscheidenden Momenten den nötigen Motivationsschub gegeben hat - GG!

Zuletzt danke ich allen, die mich auf dem Weg zu dieser Arbeit in irgendeiner Form unterstützt haben - auch wenn sie hier nicht namentlich erwähnt sind.

Waiblingen   Sebastian Thomas Maier

Inhaltsverzeichnis

Abbildungsverzeichnis

Tabellenverzeichnis

Abkürzungsverzeichnis

COG	Masseschwerpunkt
DTW	Dynamic Time Warping
ESC	Elektronisches Stabilitätsprogramm
FKFS	Forschungsinstitut für Kraftfahrwesen und Fahrzeugmotoren Stuttgart
ISO	International Organization for Standardization
KfZ	Kraftfahrzeug
MAE	Mittlerer absoluter Fehler
MSE	Mittlerer quadratischer Fehler
OFAT	One-Factor-at-a-Time
PRM-Tabelle	Parameter- & Rundenmanagement-Tabelle
RMSE	Wurzel des mittleren quadrat. Fehlers
SoC	Ladezustand der Batterie

Symbolverzeichnis

Kurzfassung

Die Dissertation „Automatisierte Modelloptimierung für Fahrzeuge mit Anhänger –
Ein Validierungsansatz auf Basis der Partikelschwarmoptimierung" behandelt die
Entwicklung eines automatisierten Optimierungs- und Validierungsprozesses für
ein physikalisch basiertes Fahrdynamikmodell eines Fahrzeug-Anhänger-Gespanns
in CarMaker. Der Ansatz wird anhand realer Messdaten im Kontext des eCaravan-
Projekts untersucht und kombiniert eine rundenbasierte Partikelschwarmoptimierung mit einer objektiven Zeitreihenbewertung nach ISO 18571.

Motivation Simulationsgestützte Methoden sind in der Fahrzeugentwicklung heu-
te ein zentrales Werkzeug, um Entwicklungszeiten zu reduzieren, Varianten früh
bewerten zu können und sicherheitskritische Szenarien reproduzierbar zu untersuchen. Mit steigender Systemkomplexität wächst gleichzeitig der Anspruch an die
Qualität und Nachvollziehbarkeit von Simulationsmodellen, da Entscheidungen in
Funktionsentwicklung, Fahrsicherheit und Energiebetrachtungen zunehmend auf
Modellvorhersagen basieren. Besonders im Kontext neuer Fahrzeugkonzepte und
elektrifizierter Systeme wirkt Simulation damit nicht nur unterstützend, sondern ist
häufig entscheidend für den Entwicklungsfortschritt.

Fahrzeugkombinationen aus Zugfahrzeug und Anhänger besitzen eine hohe praktische Relevanz, sind jedoch in vielen etablierten Simulations- und Validierungs-
prozessen weniger stark vertreten als Einzelfahrzeuge. Ursache hierfür sind die
veränderte Dynamik durch Kopplungseffekte, kombinierte Freiheitsgrade, sowie
eine große Bandbreite an Beladungszuständen, Kupplungsvarianten und Achskon-
figurationen. Dadurch steigt die Anzahl relevanter Modellparameter deutlich an,
während sich deren Wirkungen häufig gegenseitig überlagern. Änderungen einzelner Parameter können sich je nach Fahrsituation unterschiedlich auswirken und
führen nicht selten zu Zielkonflikten zwischen mehreren Ausgangsgrößen. In der
Praxis entsteht daraus ein Kalibrierproblem mit hoher Dimensionalität und ausge-
prägter Nichtlinearität, bei dem lokale Optima und Überanpassungen an einzelne
Szenarien schwer erkennbar sind.

Im Projektkontext eCaravan, in dem ein elektrisch angetriebener Wohnwagen als
neuartiges Fahrzeugsystem entwickelt wurde, wurden Simulationen unter anderem zur Funktionsentwicklung, zur Untersuchung sicherheitsrelevanter Zustände

sowie zur Verbrauchsprognose eingesetzt. Die initiale Parametrierung des Fahrdynamikmodells erfolgte dabei weitgehend manuell über iterative „trial-and-error"-Anpassungen auf Basis realer Messfahrten. Dieses Vorgehen ist nicht nur zeitintensiv, sondern auch nur begrenzt skalierbar, da es stark von Erfahrung abhängt und bei steigender Parameterzahl schnell unübersichtlich wird. Zudem erschwert die manuelle Vorgehensweise eine objektive Bewertung von Fortschritt und Modellgüte, insbesondere wenn mehrere Messgrößen gleichzeitig berücksichtigt werden müssen. Daraus ergibt sich der Bedarf an einem automatisierten, systematischen und reproduzierbaren Vorgehen, das sowohl die Parameteroptimierung unterstützt, als auch eine belastbare Aussage zur Modellvalidität ermöglicht.

Zielsetzung. Ziel dieser Arbeit ist folglich die Entwicklung und Anwendung eines automatisierten Verfahrens zur Optimierung und Validierung eines physikalisch basierten Fahrdynamik-Simulationsmodells für ein Fahrzeug-Anhänger-Gespann. Dabei steht nicht die Optimierung einzelner Parameterwerte im Vordergrund, sondern ein vollständiger Prozess, der Messdaten, Simulation, Optimierungsalgorithmus und Ergebnisbewertung methodisch verbindet und nachvollziehbar dokumentiert. Das Verfahren soll die Anzahl manueller Eingriffe deutlich reduzieren und gleichzeitig physikalisch plausible Parameterkonfigurationen liefern, die für definierte Einsatzgebiete als valide eingeordnet werden können.

Die Optimierungsaufgabe ist durch nichtlineares Systemverhalten, gekoppelte Parameterwirkungen und einen hohen Rechenaufwand geprägt. Insbesondere bei der Anwendung in CarMaker ist eine klassische lineare oder nichtlineare Offline-Optimierung nur eingeschränkt möglich, da das Simulationsmodell als Black-Box betrachtet werden muss und die Zielfunktion erst nach vollständiger Simulation verfügbar ist. Daher wird ein evolutionsbasiertes Optimierungsverfahren als geeignet angesehen, das robuste Suchstrategien in komplexen Ziellandschaften erlaubt. Neben der Optimierung ist eine objektive und reproduzierbare Fehlerbewertung erforderlich, die typische Eigenschaften fahrdynamischer Signale berücksichtigt, wie Phasenverschiebungen, Formabweichungen und unterschiedliche Dynamikanteile. Aus dieser Zielsetzung ergeben sich zwei zentrale Forschungsbereiche. Erstens wird untersucht, wie sich die Parametrierung eines komplexen physikalischen Gespannmodells automatisieren lässt, ohne dass Nachvollziehbarkeit und Plausibilität verloren gehen. Dies umfasst den Aufbau eines geeigneten Frameworks, die Reduktion der Komplexität durch sinnvolle Parametergruppierung sowie den Umgang mit Abhängigkeiten und Wechselwirkungen zwischen Parametern. Zweitens wird betrachtet, welche Anforderungen und Grenzen sich bei der Validierung mit realen

Messdaten ergeben. Dazu zählen eine belastbare Quantifizierung des Modellfehlers, Kriterien zur Bewertung des Optimierungsfortschritts und Abbruchbedingungen sowie eine datenbasierte Beschreibung des Gültigkeitsbereichs, sodass die Modellverwendung in späteren Anwendungen klar eingegrenzt werden kann.

Methodik. Die in dieser Arbeit entwickelte Methodik dient schließlich dazu, die Optimierung der Parametrierung eines komplexen Fahrzeug-Anhänger-Modells in einen reproduzierbaren, automatisierten Prozess zu überführen. Ausgangspunkt ist ein physikalisch basiertes Simulationsmodell in CarMaker, dessen Verhalten über definierte Fahrmanöver mit realen Messdaten verglichen wird. Die Optimierung erfolgt nicht als einmalige „globale" Suche über alle Parameter, sondern als rundenbasierter Ansatz, bei dem das hochdimensionale Problem in mehrere Teilprobleme zerlegt wird. Dadurch wird erreicht, dass jeweils nur wenige, möglichst stark wirksame Parameter gleichzeitig optimiert werden, während bereits hinreichend abgesicherte Modellanteile in nachfolgenden Runden fixiert bleiben. Dieses Vorgehen reduziert die Komplexität, erhöht die Stabilität des Optimierungsprozesses und erleichtert die Interpretation der Parameterwirkungen.

Als Optimierungsalgorithmus wird die Partikelschwarmoptimierung (PSO) eingesetzt, da sie für nichtlineare Probleme geeignet ist und keine Gradienteninformation benötigt. Die betrachteten Modellparameter werden dabei als Koordinaten eines mehrdimensionalen Suchraums interpretiert, während einzelne Partikel Kandidatenlösungen darstellen. Bei jeder Iteration werden neue Parameterkonfigurationen simuliert und anhand einer Fitnessfunktion bewertet. Die jeweils beste gefundene Konfiguration wird als Zielreferenz für die nächste Runde genutzt, bis entweder eine ausreichende Modellgüte erreicht ist oder sich keine nennenswerte Verbesserung mehr zeigt. Um eine Überanpassung an einzelne Szenarien zu vermeiden, werden Super-Iterationen über mehrere Fahrmanöver eingesetzt, sodass die Optimierung nicht nur ein isoliertes Manöver, sondern ein Bündel typischer Fahrsituationen abdeckt.

Ein zentrales Element der Methodik ist die gezielte Reduktion und Strukturierung des Suchraums. Dazu wird eine Sensitivitätsanalyse nach dem One-Factor-at-a-Time-Prinzip (OFAT) verwendet, bei der Parameter einzeln in definierten Grenzen variiert werden, um deren Einfluss auf relevante Ausgangsgrößen zu quantifizieren. Die daraus abgeleiteten Sensitivitätsinformationen ermöglichen es, unwirksame oder stark redundante Parameter zu identifizieren und die Optimierung auf die dominanten Einflussgrößen zu konzentrieren. Ergänzend werden Clustering- und Korrelationsbetrachtungen genutzt, um Parametergruppen zu bilden, die ähnliche

Wirkungen zeigen oder in bestimmten Manövern besonders relevant sind. Diese Gruppierung dient dazu, die Optimierungsrunden thematisch zu strukturieren, beispielsweise entlang von Längsdynamik, Querdynamik oder Kupplungskräften, und gegenseitige Beeinflussungen zwischen Parametern möglichst gering zu halten.

Für die objektive Bewertung der Modellgüte wird eine Zeitreihenmetrik nach ISO 18571 verwendet. Im Gegensatz zu einfachen Fehlermaßen wie dem mittleren absoluten Fehler (MAE) oder dem mittleren quadratischen Fehler (MSE) berücksichtigt diese Metrik nicht nur den punktweisen Abstand zweier Signale, sondern auch typische Eigenschaften fahrdynamischer Verläufe wie Phasenverschiebungen, Amplitudenfehler und Steigungsabweichungen. Dadurch eignet sie sich als robuste Berechnungsvorschrift, um Mess- und Simulationssignale auch bei transienten Vorgängen vergleichbar zu machen. Die ISO-basierte Bewertung liefert normierte Ergebniswerte, die eine konsistente Beurteilung des Optimierungsfortschritts über verschiedene Messgrößen hinweg ermöglichen und als Rückführungssignal in der PSO dienen. Ergänzend zur quantitativen Bewertung werden die Resultate in jeder Optimierungsrunde qualitativ überprüft, um unplausible Parameterkombinationen zu erkennen und die physikalische Interpretierbarkeit sicherzustellen. Nach Abschluss der Optimierung erfolgt eine strukturierte Ergebnisaufbereitung entlang der Kriterien Performance, Restfehler und Robustheit sowie eine datenbasierte Beschreibung des abgesicherten Gültigkeitsbereichs.

Versuchsbasis und Daten. Die methodische Untersuchung basiert auf einem realen Fahrzeug-Anhänger-Gespann, für das Messfahrten durchgeführt und fahrdynamisch relevante Größen aufgezeichnet wurden. Die Messdaten bilden die Referenz für die Modellvalidierung und umfassen insbesondere Zeitverläufe von Längs- und Querbewegungen sowie Kupplungsgrößen zwischen Zugfahrzeug und Anhänger. Die Auswahl der Fahrmanöver orientiert sich daran, sowohl stationäre als auch dynamische Effekte abzudecken und die dominanten Modellparameter gezielt anzuregen. Dabei werden Manöver eingesetzt, die charakteristische Eigenschaften der Längsdynamik (z. B. Zug- und Bremsvorgänge), der Querdynamik (z. B. Lenkmanöver mit unterschiedlichen Dynamikanteilen) sowie der Kupplungsdynamik (z. B. Kräfte an der Anhängerkupplung und Knickwinkelverhalten) abbilden.

Für die Simulation werden die Messmanöver in CarMaker nachgebildet, sodass Mess- und Simulationssignale zeitlich vergleichbar sind. Die Messdaten werden vor der Auswertung auf Qualität geprüft und in ein einheitliches Format überführt, um eine stabile Fehlerberechnung zu gewährleisten. Die Kombination aus realer Messbasis, objektiver ISO-Bewertung und automatisierter Parametervariation ermöglicht es schließlich, Optimierungsergebnisse systematisch zu reproduzieren und die Modellgüte nicht nur für einzelne Signale, sondern über mehrere Manöver und Ausgangsgrößen hinweg zu bewerten. Damit wird eine belastbare Grundlage geschaffen, um sowohl den Optimierungsfortschritt als auch die Validität des finalen Modells nachvollziehbar zu dokumentieren.

Ergebnisse. Die Anwendung des entwickelten Optimierungsframeworks auf das betrachtete Fahrzeug-Anhänger-Modell zeigt, dass eine rundenbasierte, automatisierte Parametrierung eine deutliche und nachvollziehbare Verbesserung der Modellgüte bewirkt. Durch die Segmentierung des Optimierungsproblems in mehrere thematisch fokussierte Runden kann der Suchraum schrittweise eingegrenzt werden, ohne dass die Optimierung durch zu viele gleichzeitig aktive Parameter instabil wird. Die Sensitivitätsanalyse und die daraus abgeleitete Parametergruppierung erweisen sich dabei als wesentlich, um die jeweils dominanten Einflussgrößen pro Manöver zu identifizieren und gegenseitige Beeinflussungen zwischen Parametern zu reduzieren. Insgesamt entsteht ein effizienter Ablauf, bei dem bereits nach wenigen Iterationen und mit vergleichsweise kleinen Populationen erkennbare Verbesserungen erzielt werden können, während gleichzeitig die physikalische Plausibilität der Parameterkonfigurationen erhalten bleibt.

Die Optimierung wird in mehreren Runden durchgeführt, die sich an typischen dynamischen Teilbereichen orientieren. In den frühen Runden werden vor allem Parameter adressiert, die grundlegende Längsdynamik- und Kraftniveaus beeinflussen, da diese so eine stabile Basis für spätere, stärker gekoppelte Effekte bilden. Darauf aufbauend werden querdynamische Eigenschaften und transientere Reaktionen optimiert, die insbesondere durch Reifenparameter, Lenkcharakteristik und Trägheitsmomente geprägt sind. Die rundenweise Vorgehensweise ermöglicht dabei eine gezielte Priorisierung: Parameter, die in einer Runde konsistent konvergieren und eine stabile Verbesserung erzeugen, können als abgesichert betrachtet und in nachfolgenden Runden beibehalten werden. Gleichzeitig werden in späteren Runden gezielt die verbleibenden Restfehler adressiert, die sich häufig erst bei dynamischen Manövern oder in der Kupplungsdynamik deutlich zeigen.

Die objektive Fehlerbewertung nach ISO 18571 erlaubt es, den Optimierungsfortschritt über verschiedene Messgrößen hinweg konsistent zu quantifizieren. Insbesondere bei komplexen Signalverläufen zeigt sich der Vorteil gegenüber einfachen Fehlermaßen, da Phasen- und Formabweichungen nicht allein über punktweise Differenzen bewertet werden, sondern in die Korrelation zwischen Messung und Simulation eingehen. Dadurch kann die Fitnessfunktion auch bei transienten Fahrzuständen als robustes Rückführungssignal genutzt werden. Gleichzeitig wird sichtbar, dass einzelne Signale empfindlicher auf Bewertungsartefakte reagieren können, beispielsweise wenn Signalanteile nur schwach charakteristisch sind oder geringe Amplituden aufweisen. In solchen Fällen ist eine zusätzliche qualitative Kontrolle der Zeitverläufe sinnvoll, um die Bewertungsergebnisse einzuordnen und unplausible Konvergenzen zu vermeiden.

Zur Beurteilung der erreichten Modellqualität wird nach Abschluss der Optimierung ein Benchmark durchgeführt, der über die Optimierungsmanöver hinaus eine übergreifende Bewertung ermöglicht. Die Benchmarkauswertung erfolgt dabei sowohl quantitativ über die ISO-basierten Fitnesswerte als auch qualitativ durch den Vergleich zentraler Zeitverläufe. Die Ergebnisse zeigen, dass das finale Modell eine verbesserte Übereinstimmung zwischen Messung und Simulation über mehrere Manöver und Ausgangsgrößen hinweg erreicht. Dabei wird deutlich, dass nicht alle Modellabweichungen vollständig eliminiert werden müssen, um eine hohe praktische Nutzbarkeit zu erzielen. Entscheidend ist vielmehr, dass die verbleibenden Restfehler systematisch analysiert werden können und das Modell innerhalb eines definierten Einsatzbereichs konsistent reagiert. Ergänzend wird die Robustheit des Modells betrachtet, indem typische Verstimmungen, beispielsweise durch leicht veränderte Randbedingungen oder Parameterstreuungen, untersucht werden. Ein stabiles Verhalten unter solchen Variationen wird als Indikator für Generalisierungsfähigkeit und damit für die praktische Verwendbarkeit des Modells gewertet.

Ein weiterer wesentlicher Aspekt der Ergebnisdarstellung ist die Ableitung des Gültigkeitsbereichs. Anstatt Validität nur als binäre Aussage zu formulieren, wird der durch Mess- und Benchmarkmanöver abgedeckte Dynamikraum zusammengefasst und als abgesicherter Bereich dokumentiert. Dadurch kann in späteren Anwendungen geprüft werden, ob neue Testfälle innerhalb des validierten Zustandsraums liegen. Insgesamt zeigt sich, dass der entwickelte Ansatz nicht nur eine Optimierung einzelner Parameter ermöglicht, sondern auch einen methodischen Rahmen bereitstellt, um Modellgüte, Restfehler und Einsatzgrenzen strukturiert zu bewerten.

Fazit und Ausblick. Die vorliegende Arbeit zeigt, dass ein automatisiertes, rundenbasiertes Optimierungs- und Validierungsvorgehen die Parametrierung komplexer Fahrzeug-Anhänger-Modelle deutlich effizienter und reproduzierbarer gestalten kann. Durch die Kombination aus Partikelschwarmoptimierung, Sensitivitätsanalyse, Parametergruppierung und einer objektiven Fehlerbewertung nach ISO 18571 entsteht ein Framework, das sowohl den manuellen Aufwand reduziert als auch eine nachvollziehbare Bewertung der Modellgüte ermöglicht. Der Ansatz unterstützt damit insbesondere Entwicklungsprozesse, in denen ein Modell für mehrere Anwendungszwecke genutzt werden soll, beispielsweise für Fahrsicherheitsanalysen, Funktionsentwicklung oder Energiebetrachtungen.

Als wissenschaftlicher Beitrag ist insbesondere die methodische Verbindung aus automatisierter Optimierung, strukturierter Ergebnisaufbereitung und datenbasierter Beschreibung des Gültigkeitsbereichs hervorzuheben, insbesondere im Hinblick auf die zusätzlichen Freiheitsgrade und Kopplungseffekte eines Fahrzeug-Anhänger-Systems. Gleichzeitig werden Grenzen deutlich, die sich aus der Qualität und Vielfalt der verfügbaren Messdaten sowie aus der Bewertungsstabilität einzelner Signale ergeben können. Zukünftige Arbeiten können den Ansatz unter anderem durch echte Multi-Objective-Optimierung, durch erweiterte Unsicherheitsbetrachtungen und durch zusätzliche Manöver zur Abdeckung weiterer Dynamikbereiche ergänzen. Ebenso ist eine Übertragung auf andere Gespannkonfigurationen oder auf weitere Simulationsumgebungen denkbar, um die Skalierbarkeit des Verfahrens für unterschiedliche Fahrzeugkonzepte weiter zu erhöhen.

Abstract

The dissertation „Automated Model Optimization for Vehicles with Trailer – A Validation Approach Based on Particle Swarm Optimization“ presents the development of an automated optimization and validation process for a physics-based vehicle dynamics model of a vehicle–trailer combination in CarMaker. The approach is investigated using real measurement data in the context of the eCaravan project and combines a round-based particle swarm optimization with an objective time-series evaluation according to ISO 18571.

Motivation Simulation-based methods are a key tool in vehicle development today, enabling reduced development time, early assessment of variants, and reproducible investigation of safety-critical scenarios. With increasing system complexity, the demand for quality and traceability of simulation models rises as well, since decisions in function development, driving safety, and energy-related analyses increasingly rely on model predictions. Especially in the context of novel vehicle concepts and electrified systems, simulation is therefore not merely supportive but often decisive for development progress. Vehicle combinations consisting of a towing vehicle and a trailer are of high practical relevance, yet they are less strongly represented in established simulation and validation processes than single vehicles. Reasons include the changed dynamics due to coupling effects, combined degrees of freedom, and a wide range of loading conditions, coupling variants, and axle configurations. As a consequence, the number of relevant model parameters increases significantly, while their effects frequently overlap. Adjusting individual parameters can have different impacts depending on the driving situation and often leads to trade-offs between multiple output quantities. In practice, this results in a high-dimensional and strongly nonlinear calibration problem, where local optima and overfitting to individual scenarios are difficult to identify.

In the eCaravan project context, where an electrically driven caravan was developed as a novel vehicle system, simulation was used, among other things, for function development, investigation of safety-relevant states, and consumption prediction. The initial parameterization of the vehicle dynamics model was largely performed manually through iterative „trial-and-error“ adjustments based on real test drives. This procedure is not only time-consuming but also of limited scalability, as it strongly depends on expert experience and quickly becomes difficult to manage as the number of parameters increases. Moreover, manual calibration complicates an objective assessment of progress and model quality, especially when multiple measured quantities must be considered simultaneously. This motivates the need for an automated, systematic, and reproducible approach that supports parameter optimization and enables a robust statement on model validity.

Aim. The aim of this work is therefore the development and application of an automated procedure for optimizing and validating a physics-based vehicle dynamics simulation model for a vehicle–trailer combination. The focus is not on the optimization of individual parameter values, but on a complete process that methodically links measurement data, simulation, the optimization algorithm, and result evaluation, and documents it in a traceable manner. The procedure shall significantly reduce manual interventions while delivering physically plausible parameter configurations that can be classified as valid for defined application domains.

The optimization task is characterized by nonlinear system behavior, coupled parameter effects, and high computational effort. In particular, for the use in CarMaker, classic linear or nonlinear offline optimization is only feasible to a limited extent, because the simulation model must be treated as a black box and the objective function becomes available only after a full simulation run. Therefore, an evolutionary optimization method is considered suitable, as it provides robust search strategies in complex objective landscapes. In addition to the optimization algorithm, an objective and reproducible error evaluation is required that accounts for typical properties of vehicle dynamics signals such as phase shifts, shape deviations, and varying dynamic components.

From these objectives, two main research areas arise. First, the work investigates how the parameterization of a complex physical vehicle–trailer model can be automated without losing traceability and physical plausibility. This includes the design of a suitable framework, complexity reduction through meaningful parameter grouping, and handling of dependencies and interactions between parameters. Second, the work examines which requirements and limitations arise when validating against real measurement data. This includes robust quantification of model error, criteria for assessing optimization progress and termination conditions, as well as a data-driven description of the validity domain, allowing later applications to clearly delimit model use cases.

Methodology. The methodology developed in this work transfers the calibration of a complex vehicle–trailer model into a reproducible, automated process. The starting point is a physics-based simulation model in CarMaker whose behavior is compared to real measurement data using defined driving maneuvers. The optimization is not executed as a single „global" search over all parameters; instead, a round-based approach is applied in which the high-dimensional problem is decomposed into multiple sub-problems. This ensures that only a small set of highly influential parameters is optimized at a time, while already sufficiently validated model components are fixed in subsequent rounds. This reduces complexity, increases the stability of the optimization process, and facilitates interpretation of parameter effects.

Particle swarm optimization (PSO) is used as the optimization algorithm, since it is suitable for nonlinear problems and does not require gradient information. Model parameters are interpreted as coordinates in a multi-dimensional search space, while individual particles represent candidate solutions. In each iteration, new parameter configurations are simulated and evaluated using a fitness function. The best configuration found is used as the reference for the next round until either sufficient model quality is reached or no further meaningful improvement can be achieved. To avoid overfitting to individual scenarios, super-iterations over multiple maneuvers are applied, such that the optimization addresses not an isolated maneuver but a bundle of typical driving situations.

A key element of the methodology is the targeted reduction and structuring of the search space. For this purpose, a sensitivity analysis following the One-Factor-at-a-Time principle (OFAT) is performed, where parameters are varied individually within defined bounds to quantify their influence on relevant output quantities. The resulting sensitivity information enables identification of ineffective or redundant parameters and focuses the optimization on dominant influences. Additionally, clustering and correlation analyses are used to form parameter groups with similar effects or particular relevance in specific maneuvers. This grouping structures the optimization rounds thematically, for example along longitudinal dynamics, lateral dynamics, or coupling forces, and minimizes mutual interactions between parameters.

For objective evaluation of model quality, a time-series metric according to ISO 18571 is used. Unlike simple error measures such as the mean absolute error (MAE) or mean squared error (MSE), this metric not only considers the pointwise distance between two signals but also typical properties of vehicle dynamics time histories such as phase deviations, amplitude errors, and slope deviations. Hence, it provides a robust evaluation rule to compare measured and simulated signals even for transient events. The ISO-based evaluation yields normalized result values, enabling consistent assessment of optimization progress across different measured quantities and serving as the feedback signal for the PSO. In addition to quantitative evaluation, the results of each round are reviewed qualitatively to detect implausible parameter combinations and maintain physical interpretability. After optimization, the results are structured along the criteria of performance, residual error, and robustness, complemented by a data-driven description of the validated validity domain.

Experimental basis and data. The methodological investigation is based on a real vehicle–trailer combination for which measurement drives were conducted and relevant vehicle dynamics quantities were recorded. The measurement data form the reference for model validation and include time histories of longitudinal and lateral motion as well as coupling-related quantities between towing vehicle and trailer. The selection of driving maneuvers is designed to cover both steady-state and dynamic effects and to excite dominant model parameters in a targeted way. Maneuvers are used that represent characteristic properties of longitudinal dynamics (e.,g. traction and braking events), lateral dynamics (e.,g. steering maneuvers with different dynamic content), and coupling dynamics (e.,g. forces at the trailer hitch and articulation-angle behavior).

For simulation, the measured maneuvers are replicated in CarMaker such that measured and simulated signals are temporally comparable. Prior to evaluation, the data are checked for quality and converted into a uniform format to ensure stable error computation. The combination of real measurement basis, objective ISO evaluation, and automated parameter variation enables systematic reproduction of optimization results and assessment of model quality not only for individual signals, but across multiple maneuvers and output quantities. This provides a robust basis for documenting both optimization progress and the validity of the final model in a traceable manner.

Results. Applying the developed optimization framework to the vehicle–trailer model shows that round-based automated calibration yields a clear and traceable improvement of model quality. By segmenting the optimization problem into several thematically focused rounds, the search space can be narrowed step by step without destabilizing the optimization through too many simultaneously active parameters. The sensitivity analysis and resulting parameter grouping prove essential for identifying dominant influences per maneuver and reducing mutual interactions between parameters. Overall, an efficient process emerges, where recognizable improvements can be achieved after only a few iterations and with comparatively small populations, while physical plausibility of parameter configurations is maintained.

The optimization is performed across several rounds aligned with typical dynamic sub-domains. Early rounds primarily address parameters that affect fundamental longitudinal dynamics and force levels, providing a stable basis for later, more strongly coupled effects. Building on this, lateral dynamics and more transient responses are optimized, which are particularly shaped by tire parameters, steering characteristics, and inertia properties. The round-based procedure enables targeted prioritization: parameters that converge consistently within a round and provide stable improvements can be considered sufficiently secured and carried over to subsequent rounds. Remaining residual errors are then addressed in later rounds, often becoming apparent primarily in dynamic maneuvers or coupling dynamics.

The objective ISO 18571 evaluation allows consistent quantification of optimization progress across different measured quantities. Especially for complex signal shapes, advantages over simple error measures become apparent, since phase and shape deviations are not evaluated solely via pointwise differences but are reflected in the correlation between measurement and simulation. Thus, the fitness function can serve as a robust feedback signal even under transient conditions. At the same time, some signals can be sensitive to evaluation artifacts, for example if signal portions are weakly characteristic or exhibit small amplitudes. In such cases, additional qualitative review of time histories helps to interpret evaluation results and avoid implausible convergences.

To assess the achieved model quality, a benchmark is performed after optimization, enabling an overarching evaluation beyond the optimization maneuvers. Benchmark assessment is conducted quantitatively via the ISO-based fitness values and qualitatively via comparison of key time histories. The results show that the final model achieves improved agreement between measurement and simulation across multiple maneuvers and output quantities. It becomes apparent that not all deviations must be eliminated completely to reach high practical usability; rather, residual errors should be systematically analyzable and the model should respond consistently within a defined application domain. In addition, robustness is evaluated by analyzing typical perturbations, for example due to slightly modified boundary conditions or parameter variations. Stable behavior under such variations is considered an indicator of generalization capability and practical applicability of the model.

Another key aspect of result reporting is the derivation of the validity domain. Instead of formulating validity as a purely binary statement, the dynamic state space covered by measurement and benchmark maneuvers is summarized and documented as a secured domain. This enables later applications to check whether new test cases lie within the validated state space. Overall, the developed approach provides not only an optimization of individual parameters, but also a methodological framework for structured assessment of model quality, residual error, and application limits.

Conclusion and outlook. This work shows that an automated, round-based optimization and validation procedure can make the calibration of complex vehicle–trailer models significantly more efficient and reproducible. By combining particle swarm optimization, sensitivity analysis, parameter grouping, and an objective time-series evaluation according to ISO 18571, a framework is obtained that reduces manual effort while enabling a traceable assessment of model quality. The approach supports development processes in which a model is used for multiple applications, for example driving safety analyses, function development, or energy-related evaluations.

As a scientific contribution, the methodological combination of automated optimization, structured result evaluation, and data-driven description of the validity domain is particularly highlighted, especially with respect to the additional degrees of freedom and coupling effects of a vehicle–trailer system. At the same time, limitations become apparent that may arise from the quality and variety of available measurement data as well as from the evaluation stability of individual signals. Future work may extend the approach, for instance by true multi-objective optimization, advanced uncertainty considerations, and additional maneuvers to cover further dynamic ranges. Furthermore, transfer to other vehicle–trailer configurations or additional simulation environments is conceivable to increase the scalability of the procedure for different vehicle concepts.

1 Einleitung

Die wachsende Nachfrage nach nachhaltigen Transportlösungen hat zu bedeutenden Fortschritten in der Elektromobilität geführt, die über Elektrofahrzeuge hinausgehen und neuartige Anwendungen wie elektrisch betriebene Wohnwagen umfassen. Dies ist die Ausgangssituation, aus der das eCaravan-Projekt, eine Zusammenarbeit zwischen dem Forschungsinstitut für Kraftfahrwesen und Fahrzeugmotoren Stuttgart (FKFS), der Erwin Hymer Group und der ZF Friedrichshafen AG, entstanden ist. Ziel des Projekts ist die Entwicklung des weltweit ersten elektrisch angetriebenen Caravans, der eine energieeffiziente und umweltfreundliche Lösung für die Nutzer von Freizeitfahrzeugen darstellen soll.

Angesichts der Komplexität der Integration elektrischer Antriebe in ein konventionell passives, gezogenes Fahrzeug steht das eCaravan-Projekt vor einzigartigen technischen Herausforderungen. Dazu gehören die Gewährleistung der Fahrsicherheit im Normalbetrieb oder bei Fehlfunktion, Optimierung des Energieverbrauchs und die Entwicklung neuer Funktionalitäten sowohl für das Zugfahrzeug als auch für den Wohnwagen. Um diese Herausforderungen zu meistern, wurde ein Simulationsmodell erstellt, optimiert und validiert und bildet ein wichtiges Instrument zur Unterstützung verschiedener Aspekte des Projekts. Das Simulationsmodell spielt eine wichtige Rolle in den folgenden Bereichen:

- **Prototypentwicklung**: Simulation ermöglicht die schnelle Evaluierung verschiedener Designkonfigurationen und Betriebsstrategien vor dem Bau eines Prototypen.

- **Funktionsentwicklung**: Das Modell unterstützt bei der Entwicklung von Fahr- und Assistenzfunktionen, einschließlich Energiemanagementsystemen und Sicherheitskonzepten.

- **Fahrdynamik und Fahrsicherheit**: Das Modell ermöglicht die Prognose des Fahrzeugverhaltens unter verschiedenen Fahrbedingungen, um sicherzustellen, dass Sicherheitsstandards erfüllt werden. Dabei ist insbesondere auf mögliche noch unbekannte fahrdynamische Phänomene hinzuweisen, die eine zusätzliche angetriebene Achse in einem Anhänger mit sich bringen kann.

© Der/die Autor(en), exklusiv lizenziert an
Springer Fachmedien Wiesbaden GmbH, ein Teil von Springer Nature 2026
S. T. Maier, *Automatisierte Modelloptimierung für Fahrzeuge mit Anhänger*,
Wissenschaftliche Reihe Fahrzeugtechnik Universität Stuttgart,
https://doi.org/10.1007/978-3-658-51622-2_1

- **Verbrauchsprognose und Auslegungswerkzeug**: Einsatz als Prognosewerkzeug für den Energieverbrauch und Werkzeug zur Auslegung von Triebstrangleistung und Kapazität der Traktionsbatterie.

Folgend soll nun der Fokus auf die Entwicklung des Simulationsmodells im eCaravan Projekt gelenkt werden. Die dafür durchgeführte Parameteroptimierung und Validierung bilden die Grundlage für die Motivation hinter dieser Arbeit.

1.1 Motivation und Ausgangssituation

In der Anfangsphase des eCaravan-Projekts wurde die Optimierung des Fahrdynamikmodells manuell durchgeführt, was sich als sehr zeitaufwändig und ineffizient erwies. Dieser manuelle Ansatz der Parameteroptimierung umfasste mehrere Schritte, beginnend mit der sorgfältigen Planung der Testmanöver und der Auslegung von Art und Platzierung der Messsensoren. Es folgten die eigentlichen Testfahrten, bei denen das Fahrverhalten des Gespanns aufgezeichnet wurde. Die bei diesen Tests gesammelten Daten wurden dann zur Erstellung des Modells verwendet. In den anschließenden Simulationen der gefahrenen Szenarien konnte dann der Vergleich von Messdaten und Modellverhalten durchgeführt werden.

Die eigentliche Herausforderung ergab sich in der dann folgenden Optimierungsphase, bei der die Änderung von Modellparametern zur Verbesserung des Modellverhaltens manuell durchgeführt wurde. Diese Methode bestand darin, einzelne oder mehrere Parameter zu variieren, oft nach „trial-and-error", um Trends im Verhalten des Modells zu beobachten. Diese Methode war nicht nur zeitintensiv, sondern auch mit mehreren Problemen behaftet. Anspruchsvoll war hier zunächst die große Anzahl der beteiligten Modellparameter, was einen händischen Prozess mühsam macht. Hinzu kommt, dass viele dieser Parameter voneinander abhängig sind, was bedeutet, dass eine Parameteränderung häufig die gleichzeitige Änderung anderer Parameter erfordert. Diese kombinatorische Natur erhöht die Komplexität zusätzlich und erschwert das Unterscheiden von lokalen und globalen Optima im Modellverhalten. Ein weiteres Problem sind widersprüchliche Auswirkungen bestimmter Parameter: Während die Änderung eines Parameters eine bestimmte Ausgangsgröße verbessert, kann sie gleichzeitig jedoch eine andere verschlechtern und macht es nötig einen Kompromiss zwischen beiden Parametern zu finden.

Diese Faktoren machen einen manuellen Prozess mühsam und fehleranfällig, insbesondere wenn mehrere Parameter gleichzeitig optimiert werden sollen. Diese Herausforderungen unterstreichen die Motivation für diese Arbeit: den Prozess der Modelloptimierung zu automatisieren. Durch die Entwicklung eines automatisierten, systematischen und wissenschaftlichen Optimierungsprozesses soll die Parameterabstimmung optimiert, die Genauigkeit und Effizienz verbessert, das Fehlerrisiko verringert werden. Die vorliegende Arbeit befasst sich mit der Implementierung dieses automatisierten Ansatzes, um schlussendlich die Einschränkungen einer manuellen Optimierung zu überwinden und mit verbesserter Genauigkeit und Effizienz einen Modellentwicklungsprozess erheblich zu beschleunigen.

1.2 Forschungsfrage und Zielsetzung

Aus der zuvor vorgestellten Motivation hinter der Arbeit sollen nun Forschungsfrage und Zielsetzung für die Arbeit abgeleitet werden. Ein Entwicklungsprojekt eines neuartigen Fahrzeugsystems - wie ein elektrisch angetriebener Wohnwagen, stellt besondere Herausforderungen an die Modellierung der Fahrzeugdynamik. Schlüsselelement sind also Simulationswerkzeuge zur Unterstützung der Prototypentwicklung, Funktionsvalidierung und Sicherheitsbewertung. Nur ein korrektes Simulationsmodell kann hier verlässliche Ergebnisse von Fahrdynamik und Fahrverhalten gewährleisten. Dies macht Optimierung und Validierung des Modells nötig.

Ein manueller Parametrierungsprozess ist zeitintensiv und begrenzt die erreichbare Modellqualität. Die Herausforderung liegt vor allem in der Vielzahl teils stark miteinander verknüpfter Parameter. Eine händische, oft mäandrierende „Trial-and-Error"-Navigation birgt das Risiko, in lokalen Optima stecken zu bleiben und erschwert eine objektive Abwägung zwischen verschiedenen Leistungskriterien.

Angesichts dieser Herausforderungen besteht die Hauptmotivation dieser Arbeit darin, den Prozess der Parameteroptimierung zu automatisieren. Daraus ergeben sich die folgenden zentralen Forschungsfragen:

(1) Wie lassen sich die Parametrierung und Optimierung eines physikalisch basierten Simulationsmodells automatisieren, ohne an Nachvollziehbarkeit zu verlieren?

(1.1) Welche methodischen Ansätze eignen sich für die Optimierung nichtlinearer, multiparametrischer Modelle?

(1.2) Wie kann ein effizientes Framework aufgebaut werden? Wie lassen sich manuelle Eingriffe im Kalibrierprozess reduzieren?

(1.3) Wie kann mit Wechselwirkungen und Abhängigkeiten zwischen Parametern umgegangen werden?

(2) Welche Anforderungen, Grenzen und Möglichkeiten zur Sicherstellung von Validität und Gültigkeit ergeben sich bei der Anwendung auf reale Daten und komplexe Systemmodelle?

(2.1) Welche technischen Herausforderungen treten bei der Modellierung und Bewertung von Fahrzeug-Gespannen auf?

(2.2) Wie (zuverlässig) lassen sich Modellfehler objektiv quantifizieren – insbesondere bei verrauschten oder wenig charakteristischen Signalverläufen?

(2.3) Welche Kriterien eignen sich zur Beurteilung des Optimierungsfortschritts und für den gezielten Abbruch des Verfahrens?

(2.4) Wie lässt sich der Gültigkeitsbereich eines Modells datenbasiert abschätzen und beschreiben?

Ziel dieser Arbeit ist es also, eine effizientere und robustere Methode für die Modelloptimierung zu entwickeln und diesen Vorgang wissenschaftlich zu begleiten.

1.3 Aufbau der Arbeit

Die vorliegende Arbeit beginnt zunächst mit der Vorstellung der theoretischen Grundlagen in **Kapitel 2**, welche eine zentrale Rolle im Rahmen des hier realisierten Optimierungs- und Validierungsvorgangs einnehmen. Zunächst werden die Prinzipien der Modellvalidierung sowie relevante Methoden eingeführt und darauf aufbauend schließlich der hier umgesetzte Validierungsansatz für Fahrzeugmodelle entworfen. Dieser Ansatz leitet aus dem Verwendungszweck konkrete Anforderungen an die Modellgenauigkeit ab und formuliert abschließend Richtlinien zur Aufbereitung und Ergebnissicherung nach Abschluss der Optimierung.

Darüber hinaus wird eine objektive Fehlermetrik für physikalische Signale vorgestellt, die in der anschließenden Optimierung zur Bewertung der Modellgüte dient. Abgeschlossen wird das Kapitel mit einem Überblick über Optimierungsalgorithmen und der Vorstellung der hier eingesetzten Partikelschwarmoptimierung.

Folgend wird in **Kapitel 3** die Simulationsumgebung (CarMaker) vorgestellt, die als Herzstück für Modellbildung und Simulation dient. Der Abschnitt erläutert kompakt den Aufbau der Modelle und deren gezielte Anpassung im Rahmen der Optimierung. Weiter werden das Testgespann und die damit durchgeführten Fahrversuche vorgestellt - die dabei erhobenen Daten bilden die Grundlage für alle in dieser Arbeit durchgeführten Simulationen.

Der erste Hauptteil **Kapitel 4** beschreibt das entwickelte Optimierungsframework, das auf Partikelschwarmoptimierung basiert. Neben dem strukturellen Aufbau und dem typischen Ablauf werden auch erweiterte Funktionalitäten sowie technische und mathematische Details erläutert. Dies umfasst zum einen Methoden wie Sensitivitätsanalysen oder Clusteringverfahren, welche nötig sind, um beispielsweise die Komplexität zu reduzieren oder den Optimierungsvorgang effizienter zu gestalten. Zum anderen werden gezielte Modifikationen am PSO-Algorithmus selbst beschrieben. Abschließend wird die eigens entwickelte Methode zur Fehlerbewertung erläutert, die als zentrales Rückführungssignal des Optimierungsverfahrens eine entscheidende Rolle einnimmt.

Im zweiten Hauptteil **Kapitel 5** wird die Anwendung des entwickelten Frameworks auf das Simulationsmodell eines Gespanns aus Zugfahrzeug und Anhänger beschrieben. Der Leitgedanke einer strategischen Segmentierung des hochdimensionalen Optimierungsproblems in möglichst unabhängige Teilprobleme wird hierbei konsequent weiterverfolgt. Die Optimierung erfolgt in mehreren aufeinander aufbauenden Runden, wobei die Gruppierung und Reihenfolge der Parameter, die zugehörigen Fahrmanöver sowie die jeweilige Zielsetzung systematisch dargestellt werden. Ein besonderer Fokus liegt dabei auf der Gestaltung eines möglichst effizienten und schnellen Prozesses, der durch passende Gruppierung und Planung Abhängigkeiten einzelner Parameter berücksichtigt und gegenseitige Beeinflussung minimiert.

Den Abschluss des Kapitels bildet eine Auswertung der erzielten Ergebnisse. Hierzu werden Benchmarktests durchgeführt, die eine umfassende Bewertung der finalen Parameterkonfiguration ermöglichen. Dabei werden sowohl quantitative Metriken als auch qualitative Beobachtungen zur erreichten Modellgüte herangezogen.

Das abschließende **Kapitel 6** fasst die zentralen Erkenntnisse der Arbeit zusammen und gibt einen Ausblick auf mögliche Weiterentwicklungen des vorgestellten Ansatzes sowie auf denkbare Anwendungsbereiche in Forschung und Entwicklung.

Zur besseren Orientierung, insbesondere im Hinblick auf die Vielzahl an Modellparametern, sei an dieser Stelle auf das Symbol- und Abkürzungsverzeichnis zu Beginn sowie auf das Glossar am Ende der Arbeit verwiesen.

2 Grundlagen

Dieses Kapitel gibt einen strukturierten Überblick über die grundlegenden Konzepte und Methoden, die in dieser Arbeit angewendet werden. Der erste Abschnitt befasst sich mit der Verifikation, Validierung und den damit verbundenen Methoden, die für die Zuverlässigkeit und Genauigkeit des Fahrdynamikmodells unerlässlich sind. Es werden verschiedene etablierte Techniken und Methoden zur Verifizierung und Validierung erörtert, um die Voraussetzungen für einen robusten Rahmen zu schaffen.

Anschließend wird ein entworfener Validierungsansatz vorgestellt, der den spezifischen Anforderungen des eCaravan-Projekts gerecht wird. Der Anwendungsbereich des Modells wird im Detail untersucht, um die erforderliche Genauigkeit des Modells sicherzustellen. Daran anschließend werden Methoden zur Bewertung der erreichten Modellvalidität und -verwendbarkeit skizziert und der Bereich, in dem das Modell als valide gilt, wird methodisch zusammengefasst. Als Werkzeug zur Fehlerberechnung zwischen simulierten und realen Daten wird eine quantitative ISO-Metrik vorgestellt.

Der letzte Abschnitt befasst sich mit Optimierungsmethoden, wobei der Schwerpunkt auf evolutionären Algorithmen liegt. Zunächst wird hier ein geeigneter Algorithmus ausgewählt, der für die vorliegende Optimierungsaufgabe und die Komplexität des Modells geeignet ist. Das Prinzip des gewählten Algorithmus wird erläutert, gefolgt von einer Darstellung einiger Modifikationen und Erweiterungen aus der vorhandenen Literatur, um ihn abschließend für diesen Anwendungsfall anzupassen.

2.1 Verifikation, Validierung und zugehörige Methoden

2.1.1 Verifikation und Validierung

Wie [27, S.2] zeigt, lassen sich viele Definitionen für Verifikation und Validierung finden. Generalisiert sind V&V zwei wichtige Prozesse in der Software- und Tech-

© Der/die Autor(en), exklusiv lizenziert an
Springer Fachmedien Wiesbaden GmbH, ein Teil von Springer Nature 2026
S. T. Maier, *Automatisierte Modelloptimierung für Fahrzeuge mit Anhänger*,
Wissenschaftliche Reihe Fahrzeugtechnik Universität Stuttgart,
https://doi.org/10.1007/978-3-658-51622-2_2

nikentwicklung, die sicherstellen, dass ein Produkt, System oder eine Komponente seine Designspezifikationen und -anforderungen erfüllt.

Bei der Verifikation wird überprüft, ob das Produkt korrekt gebaut wird, d.h. gemäß den Spezifikationen, Designs und Modellen. (Vgl. [4, S.7]) Die Leitfrage lautet dabei: „Bauen wir das Produkt richtig, gemäß Spezifikation?" - In der Praxis geht es bei der Verifizierung oft darum, zu bestätigen, dass der Entwicklungsprozess und die Projektzwischenstände dem Projektplan folgen. Zu den Verifikationstechniken gehören unter anderem formelle Nachweise mit Lastenheften, Analysen von Messdaten, Überprüfungen von Funktionen und das Durchführen von Tests anhand spezifizierter Anforderungen.

Bei der Validierung hingegen wird beurteilt, ob das entwickelte Produkt den Bedürfnissen des Benutzers entspricht und seinen beabsichtigten Zweck erfüllt. (Vgl. [4, S.7]) Die Leitfrage hier lautet: „Bauen wir das richtige Produkt, (für den Kunden)?" Durch die Validierung wird sichergestellt, dass das Endprodukt in der realen Umgebung, in der es verwendet wird, wie vorgesehen funktioniert. Zu den Validierungstechniken gehören Funktionstests mit Prototypen oder HiL-Unterstützung, Modellierung und Simulationen von zum Beispiel Software- oder Hardware-Komponenten. Gegen Ende einer Entwicklung stehen oft Akzeptanz- oder Abnahmetests, beispielsweise in Form einer Akkreditierung, wie etwa [1] aufführt.

Bei genauerer Betrachtung der Automobilindustrie zeigt sich der große Stellenwert von V&V. Aufgrund der Komplexität und kritischen Natur von Automobilsystemen werden besondere Anforderungen an die Validierung und Verifikation gestellt.

- Regularien - Die Einhaltung dieser Standards und Richtlinien ist nicht nur eine Frage der Qualität, sondern oft auch gesetzliche Verpflichtung. Beispielsweise erfordern Emissionen oder Unfallvorschriften eine gründliche Verifikation und Validierung.

- Sicherheitskritische Systeme - Hier ist deren Wichtigkeit zu betonen: Viele Fahrzeugsysteme wie Bremsen, Lenkung oder der Airbag sind sicherheitskritisch. Ein Ausfall kann schwerwiegende Folgen bis hin zum Tod haben. Daher nutzen Verifikations- und Validierungsprozesse im Automobilbereich strenge Sicherheitsstandards wie ISO 26262, die Leitlinien für funktionale Sicherheit elektrischer und elektronischer Systeme in Serienfahrzeugen vorgeben.

- Komplexität & Integration - Angesichts der hohen Komplexität von Fahrzeugkomponenten und des zunehmenden Einsatzes fortschrittlicher Fahrerassistenzsysteme (ADAS) ergibt sich hier eine weitere Herausforderung. Alle Soft- und Hardwarekomponenten müssen problemlos zusammenarbeiten und erfordern eine umfassende Verifikation und Validierung, um eine ordnungsgemäße Funktionalität sicherzustellen.

- Modelldesign & Simulation - Um die beschriebene Komplexität zu bewältigen, werden deshalb häufig modellbasierte Design- und Simulationstools verwendet. Auch solche Modelle müssen also anhand der Spezifikationen verifiziert und durch Simulationen oder Praxistests validiert werden, um sicherzustellen, dass sie das Verhalten des Systems wiedergeben.

- Testvorschriften - Abnahmetests oder Homologationsprüfungen greifen oft auf Tests unter realen Bedingungen zurück: Dazu können zum Beispiel Tests unter verschiedenen Umgebungsbedingungen wie extreme Temperaturen, Luftfeuchtigkeit und Straßenbedingungen oder Haltbarkeitstests und potentiell gefährliche Tests hoher Dynamik / Geschwindigkeit gehören. Ziel ist es, sicherzustellen, dass das Fahrzeug in jeder Situation die erwartete Leistung erbringt.

Beide Prozesse sind also im Automotivebereich aufgrund der sicherheitskritischen Natur vieler Fahrzeugsysteme besonders wichtig. Als Leitfragen (bzw. -aufgaben) sorgen sie bei der Entwicklung systemübergreifend für Kontinuität, was hilft Qualität zu gewährleisten. Damit dienen sie als wichtige Kontrollpunkte während der gesamten Produktentwicklung und minimieren so das Risiko schwerer oder übersehener Fehler. Auch stellen sie sicher, dass Produkte nach Spezifikation gebaut werden, aber auch Benutzeranforderungen erfüllen und schließlich unter realen Bedingungen wie vorgesehen funktionieren.

Da im Rahmen dieser Arbeit ein Simulationsmodell automatisiert optimiert und anschließend validiert werden soll, wird das Prinzip von V&V im Kontext von Modellen und deren Simulation angewendet. Zum besseren Verständnis ist es zielführend beide Leitfragen etwas umzuformulieren. Ein mögliches Szenario könnte wie folgt aussehen: Im Rahmen des eTrailer-Projekts musste auch das zentrale Steuergerät Trailer Mobility Control (TMC) entwickelt werden. Das TMC übernimmt die Steuerung des Motors durch Drehzahl- und Momentvorgaben sowie die Überwachung der elektrischen Systeme des angetriebenen Anhängers [33]. Parallel zur Hardware wurde ein Simulationsmodell des TMC entwickelt.

Die Verifikation eines Modells bestätigt nun, dass das Modell korrekt implementiert ist, das heißt Struktur und logische Zusammenhänge plausibel sind und mit dem konzeptionellen Modell übereinstimmen [37].

„Ist das Modell korrekt implementiert?"

Ein Beispiel für Verifikation wäre: Überprüfen ob Systemanforderungen wie Motorleistung, Wirkungsgradkennfelder richtig hinterlegt oder Sicherheitsabfragen korrekt vom Simulationsmodell eingehalten werden. Dies kann passieren, indem Modellparameter erneut abgeglichen oder Testergebnisse mit den Systemspezifikationen verglichen werden.

Die Validierung hingegen überprüft die Genauigkeit des Modells im Vergleich zum realen System. Da ein Modell in der Regel für einen bestimmten Zweck erstellt wird, muss auch die Validität des Modells anhand dieses Einsatzgebiets beurteilt werden [37].

„Verhält sich das Modell (im Einsatzgebiet) so, wie das echte System?"

Ein Validierungsbeispiel wäre: Überprüfen, ob das Modell unter verschiedenen Fahrbedingungen identisch zum realen System arbeitet. Dazu können die Ergebnisse aus realen Tests mit den Vorhersagen des Simulationsmodells verglichen werden, um die Genauigkeit des Modells und die Leistung des Systems zu validieren.

2.1.2 Methodiken für die Modellvalidierung

Im Folgenden sollen verschiedene Abläufe und Teilschritte, nach denen eine Modellvalidierung ablaufen kann, angelehnt an [50] vorgestellt werden. Anhand der Art des in dieser Arbeit verwendeten Modells soll folgend eine passende Methodik konstruiert werden.

Zu Beginn stellt sich dazu die Frage, welche Modelleigenschaften und Kriterien bei der Auswahl einer Validierungsmethode überhaupt berücksichtigt werden müssen. Art und Komplexität des Modells bestimmen unter anderem anwendbare Validierungsverfahren, sowie die bei Simulation (und damit meist auch zur Validierung) benötigte Rechenzeit. Weiter muss die Menge und Art von verfügbaren Messdaten berücksichtigt werden, dies beeinflusst zum Beispiel das Risiko für eine Überanpassung und den späteren Gültigkeitsbereich des Modells. Schließlich muss noch bestimmt werden, welche Genauigkeit das Modell schlussendlich überhaupt liefern muss. Denn je nach Art des modellierten Systems können Restfehler problemlos akzeptiert und trotzdem verwendbare Ergebnisse generiert werden.

Fahrzeugmodelle in CarMaker sind in Form von Parameterdateien abgelegt, die ein Mehrkörpersystem und diverse Fahrzeugsysteme parametrieren. Die Vielzahl von möglichen Fahrzeugen, Fahrsituationen und Manöver schließt manche Methoden bereits aus. So ist ein Ansatz, wie der von Shannon aus 1981, „der auf dem Fachwissen einer Führungskraft oder Experten [basiert], dem gemischte Simulations- und Messergebnisse [...] vorgelegt werden,..." [50, S.12] nicht zielführend. Die große Varianz an möglichen Modellen kann nicht rein von Expertenwissen abgedeckt werden. Auch lässt eine ebenda lediglich als „wahr oder falsch" geforderte Beurteilung weder eine detaillierte Bewertung noch eine objektive Validierung des Modells zu.

Spätere Ansätze erfordern hier zwar einen größeren Umfang und heben die Validierung deutlicher hervor. So zeigt [50, S.13], wie folgende Veröffentlichungen „wissenschaftliche und systematische Vorgehensweise" für Validitätsanalysen fordern. Auch wird der Stellenwert von Validität in Bezug auf Nutzen und Repräsentativität des Modells betont, dennoch fehlt weiter eine präzise Definition von Vorgehen und objektiven Validitätskriterien.

Mit sinkendem Alter der in [50] genannten Veröffentlichungen zeigt sich ein Trend von zunehmendem Einsatz mathematischer Werkzeuge. Dies lässt sich wahrscheinlich darauf zurückführen, dass sehr frühe Computermodelle und Simulationsumgebungen wegen begrenzter Rechenleistung oft weniger komplex waren. Mit zunehmender Komplexität, steigendem Einsatz von Simulation und deren Nutzen wuchs so der Bedarf objektiver Metriken und Auswertemethoden.

Mit höherer Modellkomplexität steigt jedoch auch die Möglichkeit für bewusste Abweichungen um beispielsweise Ressourcen zu sparen, oder für nötige Modellierungslücken aufgrund von fehlendem Modellwissen. In beiden Fällen kann dies Auswirkungen auf die Genauigkeit zur Folge haben. So definiert [14, S.2] ein Genauigkeitsmaß der Vorhersage. Weiter werden hier die „Beobachtbarkeit und Messbarkeit" sowie die „Konstanz bei nicht spezifizierten Umgebungsänderungen" als Anforderungen für Validierbarkeit genannt. Dies ist insofern relevant, als dass Fahrsituationen in der Regel nicht vollständig beobachtbar sind, als auch keine Konstanz bei nicht spezifizierten Umgebungsänderungen gewährleistet ist. Dies verdeutlicht den Bedarf eines Validierungsansatzes, der eine Fehlertoleranz besitzt und im besten Fall in der Lage ist, den Restfehler zu quantifizieren und zu bewerten.

Wie [50, S.22] weiter zeigt, ist in neueren Ansätzen die „Validierung [...] an klar definierten Anwendungsbereichen auszurichten", weiter sollen „[...] modellbasierte Vorhersagen mit Unsicherheiten verknüpft werden [...]".

Ebenda [S.23] wird bei der Beschreibung des iterativen Acht-Stufen-Prozesses nach Sargent zusätzlich die „Spezifikation der erforderlichen Modellgenauigkeit" als Schritt bei einer Modellvalidierung gelistet. Besonders hervorzuheben ist hier auch das vorgeschlagene iterative Vorgehen, bei dem im Wechsel Modelle modifiziert, simuliert und Ergebnisse mit dem realen Systemverhalten verglichen werden. Damit wird hier der Validierungsprozess bewusst um eine Modellentwicklungskomponente erweitert. Wie [50] weiter ausführt, folgt „die Forderung, dass das Modell für einen spezifischen Anwendungszweck erstellt und so einfach wie möglich sein solle."

2.2 Entworfener Validierungsansatz

Über eine große Menge von Publikationen hinweg lassen sich sowohl Gemeinsamkeiten als auch Nuancen der einzelnen Validierungsansätze erkennen. So soll nun für das in dieser Arbeit vorgestellte Optimierungs- und Validierungsvorhaben ein passender Ansatz entworfen werden.

- Vor der Validierung ist der Zweck des Modells zu untersuchen, dies schließt ein:

  – Welches **Einsatzgebiet** wird für das Modell erwartet?

  – Welche erforderliche **Modellgenauigkeit** leitet sich daraus ab?

- Für eine verlässliche Optimierung und Validierung ...

  – müssen **vielfältige und verlässliche Messdaten** verwendet werden.

  – müssen Mess- und Simulationsergebnis nach einer **objektiven Vorschrift** verglichen werden.

- Ist der Optimierungsgsvorgang abgeschlossen...

  – sollen **Performance, Restfehler und Robustheit** beurteilt werden

  – sollen **Validität und Gültigkeitsbereich** angegeben werden

In den folgenden Abschnitten sollen nun die drei Schritte des festgelegten Validierungsansatzes weiter ausgeführt werden:

- Zunächst werden das Einsatzgebiet und daraus abgeleitete Anforderungen an die Modellgenauigkeit untersucht.

- Danach wird gezeigt, wie die erreichte Validität beurteilt und eine Aussage über die Modellnutzbarkeit getroffen werden kann.

- Weiter werden Fehlerberechnungsmethoden vorgestellt, mit denen Mess- und Simulationsergebnis miteinander verglichen werden können.

- Abschließend folgt die Beschreibung des in dieser Arbeit eingesetzten Verfahrens.

2.2.1 Einsatzgebiet und erforderliche Modellgenauigkeit

Zunächst sollte betont werden, dass keineswegs eine 100%ige Übereinstimmung zwischen realem System und Modell gegeben sein muss, um dieses sinnvoll einsetzen zu können. So kann ein nur zum Teil validiertes Fahrzeugmodell immer noch produktiv genutzt werden, indem es Einblicke in Trends liefert, potenzielle Probleme identifiziert und Entscheidungen in einem frühen Entwicklungsstadium unterstützt.

Ein solches Modell dient als Ausgangspunkt, um mit iterativer Verbesserung projektbegleitend die Gesamtentwicklungszeit und -kosten zu reduzieren, indem auftretende Probleme früh eingegrenzt und somit Fehlentwicklungen vermieden werden können. Auch ergibt sich beispielsweise die Möglichkeit, in Parameterstudien verschiedene Designparameter kombinatorisch zu untersuchen, um damit Bereiche mit ungünstiger Auslegung aufzudecken.

Ein Fallbeispiel zum Einsatzgebiet und erforderte Modellgenauigkeit zeigt [32]. Vorgestellt wird hier eine Methode, um die Homologation mit Simulation zu unterstützen. Untersucht wird das Vorgehen für Modellvalidierung, wie sie unter anderem in ISO 19364 [18] oder ISO19365 [19] gefordert wird. Dabei wird deutlich, dass vorgegebene Grenzbereiche im Prüfverfahren großzügige Toleranz erlauben. Je nach Prüfvorhaben besteht sogar die Möglichkeit, mit Simulation ([32, S.11] „andere Fahrzeuge, Fahrzeugvarianten und andere Beladungszustände") mit einem Basismodell als Ausgangspunkt frei zu geben.

Neben in Normen vorgeschriebener Modellgenauigkeit lassen sich je nach Einsatzgebiet Anforderungen an die Genauigkeit formulieren. So beschreibt [12] die Modellierung und Validierung eines Formula Student Rennfahrzeugmodells, welches später begleitend für die Entwicklung eingesetzt werden soll. Anforderungen an die Simulation leitet er aus den vorwiegend „sehr kurvenreichen Strecken" ab, weshalb er hier vorrangig die Genauigkeit der Querdynamik untersuchen möchte. Generalisiert formuliert [57, S.2] „es [sei] wichtig, das [...] System anhand seiner Anforderungen zu validieren". [8] schließt weiter noch Kosten und Aufwand in die Betrachtung mit ein und fordert einen „Kompromiss zwischen Validierungsresultat und [finanziellem und technischen] Aufwand". Es folgt kompakt formuliert:

Validität muss für die Anwendung passen.

Die in Projekten gesammelte Erfahrung hat ein breites Feld von Modelleinsätzen gezeigt. Im eCaravan-Projekt waren dies unter anderem:

- „Was, wenn..."-Fragen: Hilfssimulation oder kleine Simulationsreihen, meist um unwahrscheinliche, aber trotzdem mögliche Szenarien abzuschätzen und so beispielsweise auf unerwartete Effekte zu screenen.

- Trendanalyse: (Ungewollte) Auswirkung von konstruktiven Änderungen auf die Fahreigenschaften und ebenfalls den gegenteiligen Vorgang; die Suche und Potentialanalyse aller Parameter, um eine bestimmte Fahreigenschaft gezielt zu beeinflussen.

- Funktionsentwicklung: Verschiedene CarMaker Trailermodelle, die als virtueller Prototyp für die Funktionsentwicklung von unter anderem der Zugkraftentlastung, aktiver Gespannstabilisierung oder dem autonomen Trailer Betrieb - („Mover") dienen.

- Potentialabschätzung: Allgemeine Fahrversuche, um beispielsweise Erfolgsaussichten von aktiven Eingriffen zur Schwingungsstabilisierung abzuschätzen.

- Functional Safety: Simulative Untersuchungen der Auswirkungen von Fehlern im Antriebsstrang, in kombinatorisch parametrierten Fahrsituationen.

- Energiebetrachtungen: Eine Demonstrationsfahrt in Form einer Alpenüberquerung mit einem rein elektrisch angetriebenen Gespann sollte untersucht werden. Ziel waren dabei eine Verbrauchsprognose und Optimierung von Strecke und Geschwindigkeitsprofil, sowie Bewertung von Optimierungsmaßnahmen.

- Homologation / Sonderzulassung: Teile der benötigten Fahrversuche für eine Prototypenzulassung konnten wegen Beschränkungen des Testgeländes nicht durchgeführt werden. Durch Demonstration von guter Übereinstimmung zwischen Simulation und Messdaten der fahrbaren Testfahrten konnte der fehlende Teil simulativ produziert werden.

Anforderungen an die Modellgenauigkeit im praktischen Einsatz: Im Endeffekt zeigte sich bei den bearbeiteten Anwendungsfällen stets; ein perfektes Modell ist nicht erforderlich. Die benötigte Modellgenauigkeit ergab sich oft aus den geplanten Zielen, möglichen projektbezogenen Prüfvorschriften oder durch Einbeziehung von Expertenmeinungen.

Je nach verfügbarer Messbasis und Untersuchungsziel konnten einzelne Teilsysteme mit unterschiedlichem Detailgrad abgebildet werden. So wurde das Triebstrangverhalten beispielsweise stark vereinfacht dargestellt, da die Fahrzeuggeschwindigkeit direkt über ein vorgegebenes Profil definiert ist - eine detaillierte Ansteuerung über das Gaspedal entfällt. Auch Komfortaspekte oder Schwingungsphänomene, wie sie etwa in [2] [46] thematisiert werden, blieben bewusst unberücksichtigt.

Im Zentrum stehen vielmehr fahrdynamisch relevante Größen wie Fahrzeugbeschleunigungen, Gierverhalten und die Kupplung zwischen Zugfahrzeug und Anhänger. Dafür genügt eine kompakte, abstrahierte Modellstruktur mit wenigen charakteristischen Komponenten. Abbildung (2.1) zeigt beispielhaft die sogenannte „ABRAXAS"-Darstellung, mit der das CarMaker-Modell visuell auf das Wesentliche reduziert wird: Reifen und Kräfte, Masseschwerpunkte, Sensorik und Lenkung.

Abb. 2.1: CarMaker ABRAXAS

Diese bewusste Reduktion basiert auf der physikalischen Tatsache, dass jedes Straßenfahrzeug denselben Grundprinzipien folgt. Maßgeblich für das Fahrverhalten sind dabei nur wenige Parameter, etwa Masseverteilung, Trägheitsmomente und Reifeneigenschaften.

Gleichzeitig unterliegt ein reales Fahrzeug im Alltag erheblichen Schwankungen. Diese betreffen sowohl innere Zustände wie Gewicht und Schwerpunktlage durch Beladung oder Besatzung, als auch äußere Einflüsse wie Temperatur, Wind oder Reibwertänderungen. Solche Veränderungen wirken sich messbar auf das Fahrverhalten aus, verändern jedoch nicht den grundsätzlichen Fahrzeugcharakter, wie auch subjektive Fahrertests zeigen [59]. Diese Überlegungen führen zu einer zentralen Frage: Welchen Modellfehler kann man im praktischen Einsatz noch akzeptieren? Oder anders formuliert: Bis zu welchem Punkt lohnt sich die weitere Verfeinerung eines Modells überhaupt?

Grenzen sinnvoller Optimierung: Die Optimierung eines Simulationsmodells ist nur bis zu einem gewissen Grad zielführend. Wird dieser überschritten, kann eine zusätzliche Verfeinerung nicht nur unnötig, sondern sogar kontraproduktiv sein. Wie auch [8, S.21] hervorhebt, führt eine zu starke Anpassung an vorhandene Daten nicht selten zu einer Verschlechterung der generellen Modellgüte. Um dies zu vermeiden, ist ein Abbruchkriterium erforderlich, das sowohl den Optimierungsaufwand als auch die erreichbare Genauigkeit in Relation setzt.

Ein solches Kriterium ergibt sich aus dem Vergleich mit typischen Streuungen im praktischen Einsatz: Wenn die qualitativen Verhaltensänderungen des Fahrzeugs durch übliche Einflussgrößen, etwa Beladung, Besatzung oder Witterung, größer ausfallen als die noch vorhandenen Modellabweichungen, ist eine weitere Optimierung nicht mehr zielführend.

Zur Verlaufskontrolle können qualitative Analysen, beispielsweise durch grafische Vergleiche von Zeitverläufen, ebenso genutzt werden wie quantitative Bewertungskriterien. So wurden im Rahmen der in Kapitel 5 durchgeführten Optimierungsrunden regelmäßig systematische Fitnessauswertungen durchgeführt, um stagnierende Fitnessverbesserungen zu überwachen. Sobald auf Basis dieser kombinierten Kriterien keine nennenswerten Fortschritte mehr zu erwarten sind, gilt das Modell als hinreichend optimiert. Der nächste Schritt besteht dann in einer systematischen Bewertung der finalen Modellversion hinsichtlich verbleibender Restfehler und ihrer Robustheit gegenüber typischen Betriebsschwankungen.

2.2.2 Ergebnisaufbereitung nach Optimierungsabschluss

[Die eigentliche Optimierung des Modells erfolgt schrittweise in thematisch fokussierten Runden und wird detailliert beschrieben in → Kapitel 5.]
[Die zur Bewertung der Simulationsergebnisse eingesetzte Fehlerberechnungsmethode ist dargestellt in → Abschnitt 2.2.3.]

Die Ergebnisaufbereitung nach Abschluss der Optimierung orientiert sich an drei zentralen Aspekten: **Performance, Restfehler und Robustheit.** Nach jeder Optimierungsrunde werden die erzielten Resultate ausgewertet; nach Abschluss der Gesamtoptimierung erfolgt eine übergreifende Betrachtung. Ziel ist es, die Modellgüte nachvollziehbar darzustellen und die Anwendbarkeit unter realistischen Einsatzbedingungen fundiert einzuordnen. Die folgende Vorgehensweise bildet dabei den konzeptionellen Rahmen:

- **Performance:** Die Bewertung der Modellleistung erfolgt über die in ISO 18571 beschriebene Fehlerkennzahl, welche die verbleibende Abweichung zwischen Simulation und Messung quantifiziert. Diese Kennzahl dient nicht nur als Rückführungsgröße der Optimierung, sondern erlaubt auch eine kontinuierliche Kontrolle des Entwicklungsfortschritts während des schrittweisen Vorgehens. So können beispielsweise frühzeitig konvergente Parameter erkannt, gut bewertete Modellaspekte fixiert und gezielt in die nächsten Runden überführt werden.

  Ein solches Vorgehen ermöglicht es, sukzessive mit gesicherten Komponenten den verbleibenden Suchraum einzugrenzen, bevor komplexere fahrdynamische Eigenschaften (z. B. Schwingungsvorgänge) ergänzt werden. Zeigen bestimmte Parameterbereiche konsistente und plausible Ergebnisse, können sie - je nach Anwendungskontext - bereits als ausreichend abgesichert gelten. Ein typisches Beispiel ist die Nutzung optimierter Widerstandskennwerte für Energie- oder Verbrauchsanalysen, ohne dass sämtliche dynamische Aspekte des Fahrzeugs bereits final abgestimmt sein müssen.

- **Restfehler:** Der verbleibende Fehler ist das Gegenstück zur Performancebewertung und wird ebenso nach jeder Optimierungsrunde betrachtet. Hierbei stehen nicht die gut passenden, sondern die auffälligen oder schwach modellierten Aspekte im Vordergrund. Die Analyse des Restfehlers hilft, systematische Abweichungen zu erkennen, potenzielle Fehlannahmen zu identifizieren und offene Herausforderungen für nachfolgende Runden gezielt zu benennen.

- **Robustheit:** Die Robustheit des finalen Modells wird im Anschluss an die Optimierung durch gezielte Sensitivitätsanalysen untersucht - z. B. durch Variation von Beladung oder Fahrwiderständen. Ziel ist es, zu zeigen, dass sich das Modell auch unter realitätsnahen „Verstimmungen" stabil und ausgewogen verhält. Ein konsistentes Verhalten bei leicht veränderten Parametern deutet auf eine gute Generalisierungsfähigkeit hin, was die praktische Verwendbarkeit deutlich erhöht.

- **Validität und Gültigkeitsbereich:** Ergänzend zu allen vorherigen Analysen wird das Modell hinsichtlich seines verlässlich abgedeckten Zustandsraums charakterisiert. Dazu werden die während der Validierung durchlaufenen Bewegungszustände systematisch zusammengefasst und als Gültigkeitsbereich dokumentiert. So kann in nachfolgenden Anwendungen quantitativ geprüft werden, ob ein neuer Einsatzfall innerhalb des abgesicherten Bereichs liegt. Dies präzisiert die Modellverwendung über eine bloße Validitätsaussage hinaus und stellt den Praxisbezug sicher.

2.2.3 Soll und Ist - Objektive Fehlerberechnung nach ISO 18571

In diesem Abschnitt wird eine Übersicht über die in der Literatur verwendeten Auswertungsmethoden gegeben. Anschließend die hier eingesetzte Methode vorgestellt und gezeigt, wie mit dieser der verbleibende Modellfehler quantifiziert werden kann.

Die sehr theoretische Arbeit von [42] konstruiert einen allgemeinen Ansatz zur Modellvalidierung und beschreibt dabei auch über mögliche Fehler in Modellen und Simulation. Wie er schreibt, handelt [S.18] „[...] es sich bei einem Modell um eine vereinfachte Darstellung der Realität [und es enthält] per Definition Fehler." So ist auch in dieser Arbeit ein Restfehler zu erwarten, welcher aus der Abweichung zwischen Realität und modelliertem Verhalten ermittelt wird. Wie beispielsweise in [7] bei der Validierung eines Steer-by-Wire Systems gezeigt lässt sich bei Teilsystemen mit wenigen Ein- und Ausgangssignalen die Fehlerberechnung kompakt als Vergleich von Soll und Ist gegenüber der Zeit darstellen. Ähnlich zeigt [29] eine Optimierung und Validierung eines Aufhängungsmodells. Hier wird der Vergleich von Soll und Ist nicht über die Zeit, sondern in Abhängigkeit der Einfedertiefe durchgeführt.

Es zeigt sich also, je nach Art und Anzahl der „Ausgangsgrößen" und beobachtetem Fehler (z.B. bei einem Amplitudenfehler) ist sogar eine rein qualitative

Beurteilung ausreichend. Als Gegenbeispiel sei [23] genannt: Dort werden die Resultate nach kleinen, mittleren und hohen Seitenbeschleunigungen kategorisiert und anschließend prozentual miteinander verglichen. Die Methodik weist jedoch erkennbare Einschränkungen auf, da die Ergebnisse nicht auf unterschiedlichen Parametrierungen desselben Modells beruhen, sondern aus der Kombination verschieden komplexer Submodelle in Bremse (z. B. modellierte Hydraulikbremse oder SiL-Controller), Triebstrang und Lenkung entstehen. Mit zunehmender Systemkomplexität und wachsender Zahl physikalischer Systemgrößen ist ein einfaches Vergleichen oder „fachmännisches Beurteilen" also nicht mehr ausreichend. Ein systematisches, nachvollziehbares Vorgehen wird nötig.

Mit Hilfe einer Softwareumgebung zeigt [54] eine Modelloptimierung einer Aufhängung. Der RMSE (Wurzel des mittleren quadrat. Fehlers) zwischen Messung und Modellverhalten wird als Kostenfunktion verwendet. [55] führt eine Modellvalidierung für Car Simulator mit Hilfe von MATLAB durch. Beim Optimierungsvorgang wird die Methode der kleinsten Quadrate verwendet. Zur Berechnung des Fehlers der Signale wird die euklidische Norm zwischen Messung und Simulation gebildet. [53] entwickelt ein Fahrzeugmodell, um eine Sensitivitätsanalyse für Sensoren aufzubauen. Er nutzt den RMSE zur Fehlerberechnung zwischen Messung und Simulationsergebnis. Darüber hinaus nutzt er eine normierte Metrik, die zum Beispiel einen Vergleich mehrerer Messgrößen untereinander möglich macht. Bei der Entwicklung eines auf Smartphones basierenden Fahrdynamikmesssystems für Motorräder nutzt [49] den RMSE, um die Messdaten mehrerer am Fahrzeug befestigter Mobilgeräte zu vergleichen. Dies ist ein idealer Anwendungsfall für den RMSE, da alle erfassten Signale nahezu ohne Phasenversatz zueinander stehen.

Die in der Literatur beschriebenen Vorgehensweisen – einschließlich subjektiver Ansätze, bei denen meist implizit eine gedankliche Differenzbildung erfolgt – lassen sich letztlich auf wenige grundlegende mathematische Verfahren zurückführen

- Offset-Fehler: $e_n = y_{n,soll} - y_{n,sim}$
  Durch Differenzbildung zwischen Soll-Werten $y_{n,soll}$ und Ist-Werten $y_{n,sim}$ wird für jeden Datenpunkt ein Fehlerwert e_n errechnet. Die Analyse des Verlaufs des Offsets hilft Muster zu erkennen und kann so etwa eine fehlerhafte Parametrierung anzeigen. z.B.:

  - Steigender Fehler im State of Charge (SoC) $\rightarrow$ Verbrauch falsch modelliert

  - Konstanter Offset im SoC-Verlauf $\rightarrow$ Batteriekapazität falsch parametriert

- **MAE:** $\quad \frac{1}{m} \sum\limits_{i=1}^{m} \left| y_{n,soll} - y_{n,sim} \right|$

  Mittlerer absoluter Fehler, (engl. Mean Absolute Error) ist eine der einfachsten Fehlermetriken, auftretende Fehler werden alle gleich gewichtet.
  Der Mean Absolute Error summiert den Betrag der Fehlerwerte aller Datenpunkte und bildet den Mittelwert daraus. [44] [29]

- **(R)MSE:** $\quad \frac{1}{m} \sum\limits_{i=1}^{m} \left(y_{n,soll} - y_{n,sim} \right)^2 \quad bzw. \quad \sqrt{\frac{1}{m} \sum\limits_{i=1}^{m} \left(y_{n,soll} - y_{n,sim} \right)^2}$

  Mittlerer quadratischer Fehler, (engl. Mean Squared Error)   &
  Wurzel des mittleren quadrat. Fehlers, (engl. Root Mean Square Error)
  sind gängige Metriken zur Quantifizierung des durchschnittlichen Fehlers bei Modellvorhersagen, Ausreißer sind stärker gewichtet als kleine Abweichungen. Der MSE summiert das Quadrat der Fehlerwerte aller Datenpunkte und bildet den Mittelwert daraus. Durch die zusätzliche Wurzel beim RMSE ($\sqrt{MSE} = RMSE$) besitzt der errechnete Fehlerwert wieder die gleiche Einheit wie die untersuchte Größe und vereinfacht so eine Interpretation. [44] [53]

- **Verzerrung:** $\quad \frac{1}{m} \sum\limits_{i=1}^{m} \left(y_{n,sim} - y_{n,soll} \right)$

  Verzerrung, (engl. Bias) ist eng verwandt mit dem MAE und unterscheidet sich nur durch die fehlende Betragsbildung.
  Die Verzerrung zeigt die mittlere (vorzeichenbehaftete) Abweichung zwischen Soll und Ist an, mit ihr kann eine Aussage über systematische Fehler oder zu falschen Annahmen in Modellen getroffen werden. Eine hohe Verzerrung deutet dabei auf eine Unteranpassung (bzw. ein zu einfaches Modell) hin.

- **Varianz:** $\quad \frac{1}{m} \sum\limits_{i=1}^{m} \left(y_{n,sim} - \overline{y}_{n,sim} \right)^2$

  Varianz, (engl. Variance) zeigt die mittlere quadratische Abweichung zwischen Modellvorhersage und dem Durchschnitt der Modellwerte $\overline{y}_{n,sim}$ an. Die Wurzel der Varianz entspricht der Standartabweichung σ [28, S.1327].
  Mit der Varianz kann eine Aussage über die Empfindlichkeit auf Unsicherheiten in Messdaten getroffen werden. Eine hohe Varianz deutet dabei auf eine Überanpassung (bzw. ein zu komplexes Modell) hin. Statt echtem Modellverhalten wird so zunehmend das Rauschen in den Messdaten modelliert.

- **Verzerrung & Varianz:** $MSE = Verzerrung^2 + Varianz + Restfehler$
  Werden beide Fehlermetriken gemeinsam betrachtet, kann eine Aussage über die Balance zwischen beiden Metriken getroffen werden. Da beide Größen in

einem inversen Verhältnis zueinander stehen, liegt ein Optimum zwischen beiden Extrema. Beide Größen sind dann in etwa gleich groß. [44, S.16]

Zusammengefasst zeigt sich über die vorgestellten Literaturstellen ein intensiver Einsatz des Root Mean Square Error (RMSE). Die extrem einfache Implementierung und kurze Rechenzeit, als auch die Eigenschaft vorzeichenunabhängig und durch die Mittelwertbildung auch eine große Zahl von Messpunkten in einen einzigen Ergebniswert zu kondensieren, ist ein großer Vorteil.

Bei komplexen Signalverläufen, wie sie im Kraftfahrzeug insbesondere bei der Fahrdynamik auftreten, ist die Fehlerermittlung mit einer einfachen Differenzbildung je Zeitschritt nicht mehr ausreichend. Hier verweist [56] beispielsweise auf ein Verfahren, in dem sowohl Phase und Amplitude, als auch die Form („topology") der Signale mit berücksichtigt werden. In einem Paper über die „objektive Bewertung von Signalen anhand von Test- und Simulationsantworten" haben [11] 2009 die zuvor beschriebene Herausforderung analysiert. Ergebnis der Arbeit war der Auswertungsansatz „CORA", welcher neben einer herkömmlichen auf „Abstand" basierenden Metrik auch Methoden mit Kreuzkorrelation einsetzt. Dabei werden Phase, Amplituden und Form der Kurven mit berücksichtigt und diese in unterschiedlicher Gewichtung miteinander verrechnet.

In der International Organization for Standardization (ISO) 16250:2013 [17] ist das im zuvor erwähnten Paper entwickelte Verfahren dann als Grundlage für den Standard mitverwendet worden. CORA scheint als sehr ausgearbeitet beurteilt worden zu sein, so dass neben dem Namen sogar die Graphen und Diagramme des ursprünglichen Papers wiederverwendet wurden. Neben kleineren Änderungen, wie zum Beispiel die Neugewichtung der einzelnen Teilmethoden, ist das Kernprinzip unverändert übernommen worden. Das im Paper lediglich erklärte Vorgehen zur Berechnung, ist in der ISO nun mathematisch umgesetzt und über Formeln unmissverständlich festgehalten.

Für die nächste Iteration, die ISO 18571:2024 [20], welche speziell für Straßenfahrzeuge angepasst wurde, diente wiederum die ISO 16250:2013 als Grundlage. Die daraus hervorgegangene Spezifikation ist der [20, S.5] „wesentliche Auszug aus ISO 16250:2013, der standardisierte Berechnungen der Korrelation zwischen zwei Signalen dynamischer Systeme [zur Verfügung stellt] und anhand mehrerer Fallstudien zur Fahrzeugsicherheit validiert ist". Die für diese Arbeit relevanten Teile werden folgend aufgeführt.

Bewertungsverfahren nach ISO:
Zur objektiven Beurteilung der Übereinstimmung zweier Zeitverläufe definiert die
ISO vier Teilmetriken: *Korridor*, *Phase*, *Amplitude* und *Steigung*, Abbildung (2.2)
stilisiert die Auswirkungen der entsprechenden Fehler.

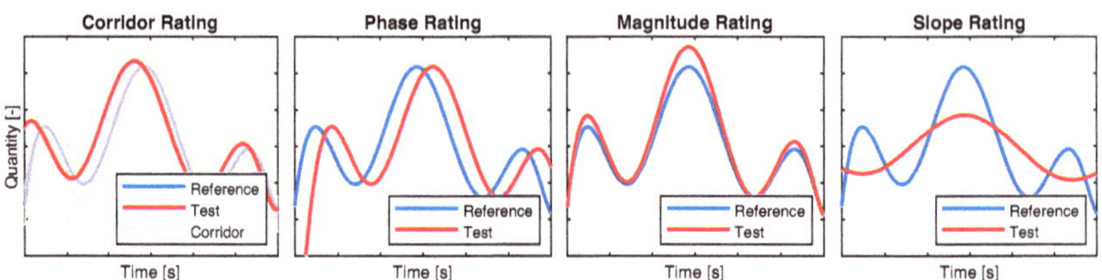

Abb. 2.2: Teilbewertung Beispiele

Diese werden mit Gewichtungen von 0,4 für den Korridor und jeweils 0,2 für die
übrigen Aspekte zu einem Gesamtwert kombiniert. Jede dieser Metriken betrachtet
einen spezifischen Aspekt der Signalähnlichkeit – wobei eine strikte Trennung
nicht immer möglich ist, da sich Phasenverschiebungen, Amplitudenfehler und
Steigungsunterschiede gegenseitig beeinflussen können.

Insbesondere bei transienten oder verrauschten Signalen kann eine Phasendifferenz
zum Beispiel fälschlich als Amplitudenfehler erscheinen. Um solche Effekte zu
minimieren, werden im Bewertungsprozess sukzessive Korrekturen vorgenommen:
zunächst erfolgt eine grobe Angleichung im Zeitbereich (Phasenbewertung), gefolgt
von einer lokalen zeitlichen Anpassung mittels Dynamic Time Warping (DTW)
(für die Amplitudenbewertung) und abschließend einer Analyse der Signalsteigung.
Im Folgenden werden die vier Teilschritte des Bewertungsverfahrens näher erläutert.

- Vorbereitung - Eine konsistente Auswertung erfordert vorbereitende Maßnahmen
  zur Sicherstellung vergleichbarer Rahmenbedingungen, etwa bezüglich Zeitbereich, Abtastrate (typischerweise im kHz-Bereich) und Signalfilterung. Die
  Auswahl geeigneter Zeitfenster – etwa durch Ausschluss von Leerlaufphasen –
  liegt in der Verantwortung des Anwenders.

- Corridor - Zur Beurteilung der Signalähnlichkeit wird ein abgestuftes Toleranz-
  band um das Referenzsignal gelegt. Je nachdem, wie weit das Testsignal hiervon
  abweicht, ergibt sich eine abgestufte Bewertung. Die Breite der Toleranzbänder
  richtet sich in der Regel nach der Signalcharakteristik und ist häufig proportional
  zur Signalstärke.

- Phase - Um zeitliche Verschiebungen zu quantifizieren, wird das Testsignal relativ zum Referenzsignal verschoben und die maximale Kreuzkorrelation bestimmt. Die Bewertung richtet sich nach dem Umfang der nötigen Verschiebung – je geringer, desto besser.

- Magnitude - Nachdem grobe Zeitverschiebungen durch Kreuzkorrelation entfernt wurden, verbleiben oft noch lokale zeitliche Abweichungen. Um diese zu minimieren, wird die sogenannte Dynamic Time Warping (DTW)-Methode eingesetzt. Dabei wird das Referenz- und das zu vergleichende Signal so zueinander gestreckt oder gestaucht, dass ihr Abstand entlang eines optimierten Pfades durch eine sogenannte Kostenmatrix minimiert wird. Diese Matrix enthält die paarweise quadrierten Abstände zwischen den Abtastwerten beider Verläufe. Der DTW-Algorithmus sucht darin den kostengünstigsten Weg vom Start bis zum Ende – typischerweise mäanderförmig entlang der Diagonale. Optional kann ein Suchfenster die maximale Abweichung einschränken, um unrealistische Verzerrungen zu verhindern. Das Ergebnis ist ein zeitlich transformierter Verlauf mit minimalem Abstand zum Referenzsignal, dessen Abweichung nun als Amplitudenfehler bewertet wird. Abbildung (2.3) illustriert das Verfahren anhand eines Beispiels.

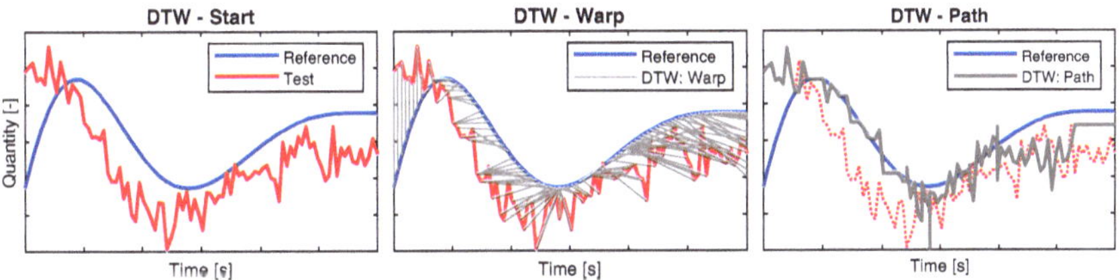

Abb. 2.3: Funktionsprinzip: Dynamic Time Warp

- Slope - Ähnlich der Amplitudenbewertung wird auch die Übereinstimmung der Signalsteigung beurteilt. Dafür wird das Steigungsprofil beider Signale verglichen, das durch Glättung und Differenzierung erzeugt wird.

Die finalen Einzelbewertungen werden zu einem Gesamtwert kombiniert, der ein Maß für die Übereinstimmung der Signalverläufe liefert. Die Gewichtung der Teilmetriken folgt dabei der Empfehlung der Norm. In Tabelle 2.1 sind die vier resultierenden Wertebereiche und die jeweilige Bedeutung der Wertebereiche dargestellt.

Tab. 2.1: Gesamtbewertung: Bedeutung

>0,94	0,94>R>0,80	0,80>R>0,58	0,58>R
Sehr gut	Gut	Mittelmäßig	Schlecht
Nahezu	Merkbare	Deutliche	Fast keine
Übereinstimmung	Unterschiede	Unterschiede	Korrelation

Mit dem vorgestellten Verfahren zur Fehlerberechnung lassen sich nun Simulationsergebnisse objektiv auswerten. Die Bewertung in Form eines einfachen Zahlenwerts
ermöglicht es einem Optimierungsvorgang somit Modellvarianten in ihrer Leistung
miteinander zu vergleichen. Im nächsten Abschnitt werden dazu die Grundlagen
vorgestellt.

2.3 Optimierungsverfahren und Partikelschwarmoptimierung

Ein Optimierungsalgorithmus ist eine Methode, die dazu dient, die bestmögliche
Lösung aus der Lösungsmenge eines mathematischen Problems zu finden. In der
Regel geschieht dies mit Hilfe einer Kostenfunktion und dem Ziel diese zu minimieren oder maximieren. In Verbindung mit Simulationsmodellen wird Optimierung
genutzt, die beste Modellstruktur oder Parametrierung zu ermitteln, mit der Absicht
die Leistung des Modells nach den gewählten Kriterien zu verbessern.

Die möglichen Anwendungsgebiete können extrem vielfältig ausfallen, von einer
anwendungsnahen Optimierung wie gezeigt bei [6] mit einer Stundenplanausle-
gung, in Kombination mit BigData-Analyse wie demonstriert von [45] anhand
von COVID-Daten, oder komplexe Interoperabilität beim Zusammenspiel mehrerer
Regler, parallel wie [5] für Regelung eines Quadcopters oder kaskadiert wie [25] zur
Stromnetzüberwachung. Natürlich finden sich auch im Kraftfahrzeug (KfZ)-Bereich
breite Anwendungsmöglichkeiten, wie beispielsweise bei der Fahrermodellausle-
gung bei [60], oder zur Parameteroptimierung einer Fahrwerksaufhängung [29].

Optimierungsalgorithmen arbeiten meist mit iterativer Bewertung potenzieller Lösungen, wobei häufig mit einer ersten Schätzung begonnen wird und diese schrittweise verfeinert wird. Während des Suchprozesses wird der Lösungsraum, abhängig
vom Algorithmus, mit verschiedenen Prinzipien durchsucht. Dies können einfache

mathematische Methoden zur Nullstellensuche oder gradientenbasierte Verfahren sein, aber auch deutlich komplexere Algorithmen, die sich oft an Vorgänge in der Biologie und der Natur anlehnen.

Eine Klassifizierung hat beispielsweise [43] vorgenommen und führt hierzu die „Populationsbasierten Verfahren" an, die er weiter aufteilt in evolutionäre Ansätze, wie genetische Algorithmen [10], oder schwarmbasierte Methoden, wie etwa die Nachbildung des Schwarmverhaltens von Ameisen [58] oder Vögeln [24], [39]. Durch Anwendung von Phänomenen wie Selektion, Vererbung oder Mutation werden bei jeder Iteration die vorherigen Ergebnisse weiterentwickelt. Als Maßstab, wie nahe eine bestimmte Lösung dem Optimum ist, dient die jeweilige Zielfunktion.

Im Idealfall konvergiert der Algorithmus zum globalen Optimum, bei komplexen Systemen wird stattdessen häufig ein Grenzwert für eine zufriedenstellende Lösung definiert und versucht den Zielen des Problems so nahe wie möglich zu kommen. Das Ergebnis ist je nach Art des Problems beispielsweise ein gefundener Pfad durch einen Suchraum, eine Gruppierung von Elementen oder ein Satz von Modellparametern. Es zeigt sich also, dass Modellanforderungen und die Art des Optimierungsalgorithmus zusammenpassen müssen.

2.3.1 Modelleigenschaften und abgeleitete Anforderungen

Bei der Auswahl eines Optimierungsalgorithmus für ein Modell müssen mehrere Schlüsselfaktoren berücksichtigt werden, darunter die Komplexität des Modells, mögliche Parameter oder Zustandsbeschränkungen und der geplante Anwendungsfall. Verschiedene Algorithmen können bei der selben Aufgabe deutliche Leistungsunterschiede zueinander aufweisen, wie beispielsweise von [44] untersucht.

Darüber hinaus spielen die mathematischen Eigenschaften des Modells - zum Beispiel, ob dieses stetig, differenzierbar oder nichtlinear ist - eine entscheidende Rolle bei der Entscheidung, welche Algorithmen geeignet sind. Die Struktur des Lösungsraums, wie das Vorhandensein mehrerer lokaler Optima und die erforderlichen Rechenressourcen sind ebenfalls zu beachten. Deshalb muss sich ein gut geeigneter Algorithmus effizient im Lösungsraum bewegen und gleichzeitig die Konvergenz zu suboptimalen Lösungen vermeiden.

CarMaker ist eine hoch-detaillierte und dynamische Simulationsumgebung für das Gesamtfahrzeug und seine Straßenumgebung. Aufgrund seiner Komplexität lässt sich ein darin erstelltes Modell nicht als simples lineares oder konvexes System klassifizieren. Da viele Komponenten und insbesondere die gesamte Fahrdynamik nichtlinear sind, kann auch ein zugehöriger konkaver Lösungsraum mehrere lokale Optima aufweisen und stellt damit Anforderungen an einen Algorithmus. Weiter müssen während der Optimierung Grenzwerte von Parametern (zum Beispiel physikalische Beschränkungen wie maximale Reifenkräfte oder mechanische Freiheitsgrade) vorgegeben und eingehalten werden.

Für die Optimierung eines CarMaker-Modells eignen sich unter Berücksichtigung dieser Faktoren sowohl der Evolutionäre Algorithmus (EA) als auch die Partikelschwarmoptimierung (PSO). Beide Algorithmen vergleicht auch [21, S.336] miteinander. Die wichtigsten Unterschiede zeigen sich bei der Konvergenzgeschwindigkeit und der damit verbundenen Verweildauer im gesamten Suchraum, sowie in der Behandlung von Grenzwertvorgaben und ihren Mechanismen für Diversität zwischen Individuen.

So verwendet der EA Mechanismen wie Mutation und Rekombination, um größere Diversität und damit eine bessere Erkundung des Lösungsraums zu ermöglichen. Dies und eine nur schwache Tendenz der Individuen, sich zur besten momentan bekannten Lösung zu bewegen, hilft eine vorzeitige Konvergenz zu vermeiden. Die PSO zeigt eine schnellere Konvergenz, weil hier alle Partikel stets in Richtung der besten momentan bekannten Lösungen driften, was sie zwar anfälliger macht, in lokalen Optima zu verweilen, dafür aber deutlich weniger Rechenzeit in Anspruch nimmt.

Zusätzlich ist also die Simulationszeit ein wichtiger Faktor - angesichts der Rechenintensität der CarMaker-Simulationen und insbesondere bei der Untersuchung eines großen Parameterraums muss der Optimierungsalgorithmus effizient arbeiten. Einfache Ansätze, den Lösungsraum zum Beispiel nur mit Hilfe einer einfachen Kombinatorik zu durchsuchen, sind nicht praktikabel, da die verwendeten Modelle mit mehreren Dutzend (Eingangs-)Parametern und simulierten Ausgangsgrößen einen brute-force-Ansatz äußerst rechenintensiv oder gar unmöglich machen. Folglich sind für komplexe Optimierungsvorhaben meist vorbereitende Maßnahmen wie gezielte Parameterauswahl oder Sensitivitätsanalysen zur Suchraumreduktion nötig.

Wie zuvor in Abschnitt 2.1.2 gezeigt wird Expertenwissen in vielen Validierungsansätzen als Komponente aufgeführt. So soll auch hier bei der Konfiguration der Optimierung davon Gebrauch gemacht werden. [10] und [5] ermitteln beispielsweise vorbereitend die wichtigsten Modellparameter. Dort werden zunächst Parameter ausgewählt und dann in einer anschließenden Sensitivitätsanalyse untersucht.

An dieser Stelle soll erneut an die Beschreibung der charakteristischen Parameter in Abschnitt 2.2.1 erinnert werden - eine solche Vorauswahl hilft die Zahl der später zu optimierenden Modellparameter klein zu halten. Eine geschickte Wahl der Testmanöver beschreibt auch [27] und hilft weiter, die Abhängigkeiten von Modellkomponenten untereinander zu reduzieren und ihren Einfluss auf das Fahrzeug bestmöglich voneinander zu trennen. Im Endeffekt werden so aus einem großen Suchraum eine Vielzahl kleiner bis mittlerer Suchräume mit unterschiedlichen Parameterkombinationen generiert. Die Entkopplung des Lösungsraums in kleinere, niedrig-dimensionale Teilprobleme vereinfacht wie auch von [22] gezeigt die Optimierungsaufgabe.

Der Vorteil von EA bei der Optimierung größerer Parameterräume verliert damit an Gewicht, es bleibt der unveränderte Bedarf rechenzeitoptimal zu arbeiten. Die bei kleineren Problemen schneller und effizienter arbeitende PSO ist folglich am besten für die erwartete Problemstruktur geeignet.

Es sei angemerkt, dass die Literatur zahlreiche Modifikationen für die PSO beschreibt, um Eigenschaften des Algorithmus zu verbessern oder auch Erweiterungen hinzuzufügen. Damit können bestimmte Schwächen des Algorithmus ausgeglichen werden, ohne jedoch den Vorteil schneller Konvergenz einzuschränken. Die PSO, ihre Eigenschaften, sowie Konzept und Funktion sollen folgend erklärt werden.

2.3.2 Partikelschwarmoptimierung: Konzept und Funktion

Die Partikel-Schwarm-Optimierung (PSO) ist ein populationsbasierter Optimierungsalgorithmus, der sich am Sozialverhalten von Vogelschwärmen oder Fischschwärmen orientiert.

Die Kernidee hinter PSO ist die Nachahmung eines Schwarms von Partikeln, wobei jedes Partikel einen Lösungskandidaten für das Optimierungsproblem darstellt. Diese „fliegen" durch den Lösungsraum auf der Suche nach der optimalen Lösung, wobei sie ihre Positionen entsprechend ihrer eigenen besten bekannten Position (kognitive Komponente) und der besten bekannten Position aller Partikel (soziale Komponente) anpassen.

Der gesamte PSO-Ablauf setzt sich in der Regel aus folgenden Schritten zusammen:

- **Initialisierung:** Partikel mit zufälligen Positionen und Geschwindigkeiten innerhalb der Lösungsraumgrenzen werden angelegt. Dabei ist es entscheidend, die Partikel gleichmäßig über den Lösungsraum zu verteilen um eine bessere Erkundung zu gewährleisten.

- **Evaluierung:** Die Fitness jedes Partikels an seiner aktuellen Position wird mit der Kostenfunktion berechnet. (siehe 2.2.3)

- **Aktualisierung - Bestwert:** Speichern eines neuen Bestwerts, wenn die aktuelle Position einen besseren Fitnesswert ergibt. Vergleich aller Partikel im Schwarm, um die global beste Position zu ermitteln.

- **Aktualisieren - Geschwindigkeit und Position:** Entsprechend der Gleichungen und unter Berücksichtigung der globalen besten Position werden alle Partikel aktualisiert.

- **Abbruchbedingung:** Wiederholen der Schritte 2 bis 4 und überprüfen, ob ein Abbruchkriterium (wie zum Beispiel ein Restfehler) erfüllt ist.

- **Abbruch:** Der Algorithmus wird beendet, die Position des besten Partikels ist die gesuchte Lösung.

Die mathematische Beschreibung der PSO lässt sich in folgenden Gleichungen zusammenfassen:

$$v_i(t + 1) = \omega \cdot v_i(t) + c_1 r_1 \cdot (b_{self} - x_i(t)) + c_2 r_2 \cdot (b_{global} - x_i(t))$$

$$x_i(t + 1) = x_i(t) + v_i(t + 1)$$

mit:

- $x_i(t)$ Position des Partikels i zum Zeitpunkt t.

- $v_i(t)$ Geschwindigkeit des Partikels i zum Zeitpunkt t.

- ω Bewegungsträgheit des Partikels.

- c_1, c_2 Gewichtungsfaktoren für das kognitive und soziale Verhalten.

- r_1, r_2 Zufallszahlen zwischen 0 und 1.

- b_{self}, b_{global} die eigene und globale beste Position.

Die Bewegungsträgheit ω steuert das Verhältnis zwischen Erkundung und Konvergenz. Je größer, desto stärker neigt der Schwarm zur Erkundung. Wie [34] zeigt, sind Werte zwischen 0,4 bis 0,9 typisch, aber auch ein zeitabhängiger Wert ist möglich.

Ein Gleichgewicht zwischen c_1 und c_2 ist der Schlüssel zu einer optimalen Leistung. Der kognitive Koeffizient c_1 bestimmt, wie stark ein Partikel durch seine eigene beste Position beeinflusst wird, der soziale Koeffizient c_2 hingegen, wie stark ein Partikel von der besten bekannten Position beeinflusst wird. Diese waren beispielsweise von den Erfindern der PSO zunächst noch fix auf 2 [24] festgelegt worden. Typische Werte in nachfolgenden Arbeiten liegen zwischen jeweils 0,5 und 2,0, wobei die Summe beider Koeffizienten 4 nicht übersteigen sollte [3], [22]. Das endgültige Verhalten der PSO hängt nun vom Zusammenspiel der Bewegungsträgheit und dem Verhältnis zwischen Erkundung und Konvergenz ab. Zu geringe Trägheit kann so zu verfrühter Konvergenz führen, nicht korrekt abgestimmtes Partikelverhalten hingegen eine dauerhafte Oszillation bewirken.

Neben den eben vorgestellten Grundparametern ist es ebenfalls möglich das Partikelverhalten mit Modifikation oder Limitierung bestimmter Termteile zu beeinflussen. So sollten, wie [22] zeigt, Geschwindigkeitsgrenzen festgelegt werden, um die erlaubte Schrittweite zu limitieren. Andernfalls könnten Partikel über das Optimum „hinausschießen" und in Folge die Konvergenz verhindern. [48] normiert Parameter verschiedener Einheiten oder Größenordnungen, um diese besser vergleichbar zu machen.

In Abschnitt 4.4 werden im Rahmen der Vorstellung des implementierten Optimierungsframeworks einige in der Literatur beschriebene Modifikationen und Erweiterungen für die PSO vorgestellt und eingesetzt. Ziel ist eine schnellere Konvergenz, robustere Behandlung von Parametergrenzen und die gezielte Anpassung des Algorithmus an den Anwendungsfall dieser Arbeit.

3 Versuchsträger, Fahrversuche und Datenerhebung

Dieses Kapitel beschreibt das Testgespann, die damit durchgeführten Fahrversuche und die daraus abgeleitete Datenbasis, welche Grundlage für alle Simulation in dieser Arbeit ist.

Zunächst wird die Simulationsumgebung (CarMaker) vorgestellt, die als Herzstück für Modellbildung und Simulation dient. Der Abschnitt erläutert kompakt den Aufbau der Modelle und zeigt, wie diese beim Optimierungsvorgang modifiziert werden.

Anschließend werden die Testfahrzeuge und gefahrenen Manöver der Fahrversuche beschrieben. Ein Überblick über die Datenerfassung und zentralen Schritte der erfolgten Datenaufbereitung, welche die Grundlage für die anschließenden Analyse- und Optimierungsschritte bilden, schließt das Kapitel ab.

3.1 CarMaker: Vorstellung und Datenbedarf

In der Fahrzeugentwicklung wird die Fahrsimulation als unverzichtbares Werkzeug eingesetzt, um beispielsweise reale Fahrszenarien virtuell nachzubilden. Je nach Komplexität und Anwendungsfall der Simulation gibt es verschiedene Ansätze zur Modellbildung. In manchen Fällen, wie [60] im Rahmen der Entwicklung eines Fahrzeugfolgemodells zeigt, wird nicht einmal ein klassischer physikalischer Modellierungsansatz nötig.

Die einfachsten physikalischen Modelle, wie das Einspurmodell, können bereits die Längs- und Querdynamik simulieren. Eine solche Beschränkung kann helfen, beispielsweise bei Verbrauchsanalysen Berechnungszeiten zu reduzieren. Fortschrittlichere Simulationsansätze mit Mehrkörpermodellen sind hingegen in der Lage durch realitätsgetreue Darstellung der Fahrzeugdynamik auch Handling, Schwingungsphänomene oder Fahrkomfort darzustellen.

In dieser Arbeit wird CarMaker verwendet, eine Software zur Simulation von virtuellen Testfahrten. Das Programm strukturiert Fahrzeugmodelle, indem es diese in Unterkomponenten wie Karosserie, Aufhängung, Räder, Antriebsstrang, Aerodynamik usw. aufteilt. Zudem können viele dieser Komponenten auch in verschiedenen Komplexitätsstufen modelliert werden. Eine Antriebsachse kann so beispielsweise starr oder als gedämpfter Feder-Masse-Schwinger modelliert werden. So könnten beispielsweise Eigenschaften der Aufhängung statt als einfache Konstanten nun als Kennlinie dargestellt, oder gar vollständig durch ein externes Modell ersetzt werden. Diese Flexibilität ermöglicht es bei Untersuchungen, ein Gleichgewicht zwischen Genauigkeit und Rechenaufwand zu finden.

Die Parametrisierung von CarMaker beginnt mit vordefinierten Modellen für Fahrzeugkategorien, wie zum Beispiel Limousinen oder Kleinwagen. Diese Modelle werden dann im Regelfall mit Herstellerdaten und Messungen an ein Testfahrzeug angepasst. Neben fixen Parameterwerten gibt es hier die Möglichkeit „namedValues" zu verwenden. Diese dienen als Platzhalter, denen erst zur Laufzeit, beispielsweise im Rahmen einer Testreihe oder durch Drittprogramme, ein Wert zugewiesen wird. Diese Funktion ermöglicht gezielte Manipulation der Modelle und wird später für den Optimierungsprozess genutzt.

Die Steuerung des Fahrzeugs bei Fahrszenarien kann schließlich auf verschiedene Arten geschehen. CarMaker bietet hierzu ein sehr leistungsfähiges Fahrermodell, welches etwa vorgegebenen Spuren folgen oder Lenkmanöver ausführen kann und dabei entsprechend hinterlegter Limits selbstständig die Geschwindigkeit regelt - in gewissem Sinne ähnlich eines automatisierten Fahrzeugs. Alternativ bietet sich die Möglichkeit, „Eingangsgrößen" wie Lenkradwinkel, Pedalsignale, die Gangauswahl oder ein Geschwindigkeitsprofil aus Messdaten, vorzugeben. Von dieser Möglichkeit wird in dieser Arbeit Gebrauch gemacht. Die nötigen Schritte, um die durch CarMaker verwendeten Referenzdaten zu erhalten, werden in den folgenden Abschnitten dargestellt.

3.2 Testgespann und Messfahrten

In diesem Abschnitt werden das in Abbildung (3.1) dargestellte Gespann und die Messfahrten vorgestellt, an deren Beispiel die Modelloptimierung ausgeführt wird. An dieser Stelle sei auf ein zum Thema veröffentlichtes Paper [33] hingewiesen.

Als Zugfahrzeug diente ein Opel Insignia mit bis zu 184 kW Leistung, der von einem professionellen Testfahrer mit langjähriger Erfahrung im Umgang mit hochmotorisierten Prototypen und Pkw-Anhänger-Fahrzeugkombinationen gefahren wurde. Electronic Stability Control (ESC) des Fahrzeugs war bei den Messfahrten deaktiviert.

Abb. 3.1: Testgespann

Als Anhänger wurde ein Prototyp des eCaravans eingesetzt. Noch ohne Batterie und Motoren, musste dieser mit zusätzlichem Bleiballast beladen werden, um das geringere Gewicht aufgrund der fehlenden Komponenten zu kompensieren.

Bei verschiedenen Testfahrmanövern wurden fahrdynamisch relevante Größen (siehe Abbildung (3.2)) aufgezeichnet. Dazu gehören die Eingaben des Fahrers wie Lenkwinkel, Brems- und Gaspedalstellung, oder physikalische Größen wie Fahrgeschwindigkeit, 3-Achs-Beschleunigungen und Drehbewegungen von Fahrzeug und Anhänger. Auch die Kupplungskräfte und der Knickwinkel zwischen Zugfahrzeug und Anhänger wurden erfasst. Die erfassten Größen dienen später als Grundlage für den Optimierungsvorgang des Modells.

Die Fahrversuche wurden auf einer ehemaligen Landebahn durchgeführt. Diese ist als Testgelände weitestgehend zufriedenstellend, da die Bahn zwar gerade, lang und flach ist und auch keine Gefahr durch entgegenkommende Fahrzeuge besteht, doch nur begrenzt Manöver mit hoher Querdynamik zulässt. Der Grundgedanke der Testreihe war die bestmögliche Entkopplung des Längs- und Querverhaltens des Pkw-Anhänger-Gespanns durch passende Wahl der einzelnen Manöver.

So beschreibt bereits [13] bewusst die Wahl mehrerer Manöver, mit dem Ziel die Dynamikkomponenten in laterale, longitudinale und gemischte Manöver zu zerlegen. Diese umfassen einen Lenkwinkelsprung und Bremsvorgang je bei Geradeausfahrt, Bremsen in der Kurve, Doppelspurwechsel und Sinuslenkwinkel mit steigender Lenkfrequenz. Äquivalent, mit Ausnahme des Bremsmanövers, geht [51] vor.

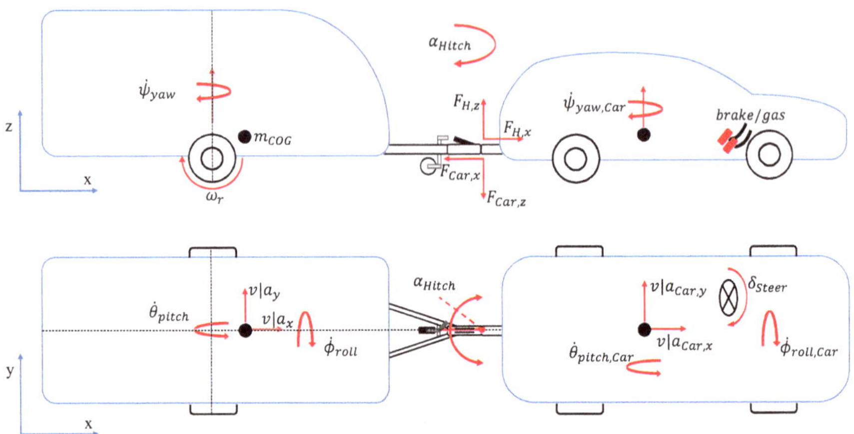

Abb. 3.2: Testgespann: Messgrößen

Autoren, die nur einen bestimmten Teil eines Fahrzeugs modellieren und validieren, wie [26] das Lenksystem oder [31] ein Allrad Torque-Vectoring-System passen die Auswahl ihrer Manöver so an, dass vorrangig die untersuchten Komponenten angeregt werden. [41] wählt beim Modellieren eines Formula-Student-Fahrzeugs einen pragmatischen Ansatz, indem die späteren Renndisziplinen als Testfahrten zugrunde gelegt werden. Ähnlich legt [40] beim Optimieren der Lateraldynamik von Fahrzeugen, durch gezielte Dimensionierung der Felgenbreite, einen Schwerpunkt auf den später relevanten Dynamikbereich. Hier wurden primär Messungen mit hoher Geschwindigkeit (100-150km/h) zur Validierung eingesetzt.

In der Literatur zeigt sich also eine Kombination von typischen Fahrmanövern für Abnahme- oder Sicherheitstests, die gezielt erweitert wurden, um die erwartete Betriebsdynamik des Fahrzeugs mit auszutesten. Ein ähnliches Vorgehen wurde auch hier gewählt. In Tabelle 3.1 sind alle Manöver, eine Beschreibung und Bereich der jeweils gefahrenen Geschwindigkeit angegeben. So wurden Manöver berücksichtigt, die für die Typgenehmigung des eCaravans erforderlich sind, wie zum Beispiel ein Lenkimpuls (ähnlich eines schnellen Spurwechsels), um das Schwingverhalten, dessen Dämpfung sowie die kritische Geschwindigkeit des Trailers zu ermitteln (siehe [15]). Ähnlich testet die ISO7401 [16] einen bleibenden Lenkwinkelsprung und die Reaktion des Trailers. Ergänzend dazu wurden unter Berücksichtigung der Testbahn-Limitierungen weitere Manöver gefahren.

Tab. 3.1: Messfahrten: Manöver, Geschwindigkeiten und Besonderheiten

Name	Geradeausfahrten	Fahrgeschwindigkeit
1.1a	(Treppenförmige) Konstantfahrt	$50 - 100 km/h$
1.1b	s.o.	$110 - 120 km/h$
1.1c	s.o.	$120 - 130 km/h$
1.2a	Bremsen bis Stillstand aus Konstantfahrt	$50 - 100 km/h$
1.2b	s.o.	$110 - 120 km/h$
1.3a	Treppenförm. Konstantfahrt, Sägezahn-Übergang	$50 - 100 km/h$
1.4a	Schnelle Wechsel Gas & Bremse	$50 - 80 km/h$
1.4b	s.o.	$100 - 110 km/h$
Name	**Kreisfahrten, konstanter Radius**	**Fahrgeschwindigkeit**
2.1a	Treppenförmige Konstantfahrt	$10 - 50 km/h$
2.2a	Bremsen bis Stillstand aus Konstantfahrt	$10 - 50 km/h$
2.3a	Treppenförm. Konstantfahrt, Sägezahn-Übergang	$10 - 50 km/h$
2.4a	Schnelle Wechsel Gas & Bremse	$10 - 50 km/h$
Name	**Kombinierte Fahrten**	**Fahrgeschwindigkeit**
3.1a	Spurwechsel sanft & kräftig	$50 km/h$
3.1b	s.o.	$100 km/h$
3.1c	s.o.	$110 km/h$
3.2a	Kreisbögen: Pos. & Neg. Rechteck-Lenkwinkel	$10 - 60 km/h$
3.2b	s.o.	$70 - 80 km/h$
3.3a	Pendelanregung: Schnelle Sinus-Lenkwinkel	$110 - 120 km/h$
3.3b	s.o.	$120 - 130 km/h$
3.3c	s.o.	$140 km/h$
3.4a	Schlangenlinien: Langsame Sinus-Lenkwinkel	$50 - 100 km/h$
3.4b	s.o.	$110 - 120 km/h$
3.4c	s.o.	$130 km/h$
3.5a	Lenksweep: Immer schnellere Sinus-Lenkwinkel	$10 - 60 km/h$
3.5b	s.o.	$70 - 80 km/h$

Zunächst wurde das Längsverhalten untersucht, indem Manöver mit wechselnder Zusammensetzung von Beschleunigungs-, Brems- und Konstantfahrt aufgezeichnet wurden. Während der Manöver hielt der Fahrer das Fahrzeug stets möglichst in der Straßenmitte. Durch kleinstmögliche Lenkeingriffe (um Einfluss auf die Messung zu minimieren) wurde so beispielsweise der Windeinfluss kompensiert.

Anschließend wurde das Querverhalten gemessen, dazu wurde ein Kreis mit konstantem Radius befahren. Auch hier wurden Abschnitte von Beschleunigungs-, Brems- und Konstantfahrt aufgezeichnet.

In einem letzten Schritt wurden gemischte Szenarien mit Längs- und Querkomponenten gefahren. So folgte der Fahrer beispielsweise einem Sinusverlauf oder einer immer schneller werdenden Lenkwinkelschwingung.

3.3 Messdatenakquise und Aufbereitung

Die gemessenen Signale wurden von einem Messsystem im Kofferraum des Fahrzeugs erfasst und getrennt nach einzelnen Manövern aufgezeichnet. Bevor die Messdaten für die Simulation verwendet werden können, müssen diese zunächst vorbereitet werden. Dies beinhaltet unter anderem:

- **Beschleunigungen - Lagekorrektur:** In Abhängigkeit des gefahrenen Manövers können große dynamische Nick- und Rollwinkel auftreten. Dies führt dazu, dass die in den Fahrzeugen verbauten Beschleunigungssensoren in Längs- und Querrichtung eine Beeinflussung durch die Erdbeschleunigung mitmessen. Zum Bereinigen der Messdaten wurden die Beschleunigungsdaten mit den zum jeweiligen Zeitpunkt gehörenden Gier-, Nick- und Rollwinkel transformiert.

- **Kupplungskraft - Koordinatentransformation:** Die in CarMaker simulierte Kraft zwischen Fahrzeug und Trailer wird in einem globalen Koordinatensystem ausgegeben und ist deshalb von der aktuellen Lage beider Fahrzeuge in diesem festen Koordinatensystem abhängig. Zum Anpassen an die (körperfesten) Messdaten wurden in diesem Fall die simulierten Kräfte mit Hilfe der dem Zugfahrzeug und Trailer jeweils gehörenden Gier-, Nick- und Rollwinkel in das fixe Koordinatensystem beider Fahrzeuge transformiert.

- **Geschwindigkeit - Korrekturfaktor:** Die vom Fahrzeug über CAN ausgegebene Geschwindigkeit wurde mit GPS korrigiert. Dazu wurde bei konstanter Fahrt über die gesamte Streckenlänge eine Kalibriermessung aufgezeichnet. Aus dieser konnte die tatsächliche Geschwindigkeit und damit ein Korrekturfaktor für die Fahrzeugdaten ermittelt werden.

- **Lenkwinkel - Störgrößenregler:** Da auch der Lenkwinkel in den Simulationen als Eingangsgröße verwendet wird, müssen Korrektureingriffe, die wegen beispielsweise Seitenwind nötig waren, für die Simulation kompensiert werden. Da der Fahrer während des Fahrens stets einer geraden Linie gefolgt ist, wird bei der Simulation die Seitenabweichung als Sollgröße für einen Korrektureingriff verwendet. Dieser wurde schließlich mit Hilfe eines überlagerten Lenkwinkelreglers realisiert, der den Einfluss des Korrekturwinkels während der Simulation wieder ausregelt.

  Eine Ausnahme bilden hierbei die gemischten Szenarien, bei denen mit dem Beginn des (Lenk-)Manövers der Lenkwinkelregler ausgeschaltet wurde. Dazu wurden alle Messfahrten händisch annotiert und ihnen ein Ein- und Ausschaltsignal hinzugefügt.

- **Datenaufbereitung - Filterung:** Messsignale, denen physikalisch bedingt ein Rauschen überlagert ist, wie etwa Vibrationen in Beschleunigungssignalen, wurden durch einen Filter („loess") geglättet. Dieser kombiniert eine lokale Regression mit Minimierung von Fehlerquadraten und ein lokales Polynom zweiten Grades. Für die Messdatenrate von 100Hz wurde eine Filterbreite von 100 Datenpunkten verwendet. Vorteil ist hier eine gute Rauschunterdrückung bei gleichzeitig aber trotzdem schneller Reaktion auf Signalsprünge oder Impulse.

Nach Abschluss der zuvor beschriebenen Vorbereitungsschritte wurden dann jeweils die Signale der Fahrgeschwindigkeit, des Lenkwinkels, die Triggerzeitpunkte der Lenkkorrektur und ein allgemeiner Zeitvektor zusammengefassst. Diese dienen dann als Eingangsdaten für die einzelnen CarMaker-Szenarien.

An dieser Stelle sei bemerkt, dass anstelle von Sollgeschwindigkeit auch das Gas- und Bremspedalsignal sowie der gewählte Getriebegang als mögliche Eingangsdaten verwendbar wären. Obwohl diese Messdaten zwar ebenfalls vorlagen, wurden diese bewusst nicht verwendet. Da in keinem vorgesehenen Einsatzgebiet des Modells der Antriebsstrang im Details von Interesse ist, ist letztendlich die resultierende Fahrgeschwindigkeit die einzig relevante Größe.

So kann durch Einsatz des Fahrermodells und einer Geschwindigkeitsvorgabe auf Feinabstimmung der Antriebskomponenten verzichtet werden, was in Folge auch die Modellbildung deutlich vereinfacht.

4 Optimierungsframework: Struktur und Funktionsweise

In diesem Kapitel wird das im Rahmen dieser Arbeit entwickelte Optimierungsframework vorgestellt, das als zentrales Werkzeug zur Abstimmung von Fahrzeugmodellen dient. Es ermöglicht die automatische Anpassung eines CarMaker-Simulationsmodells an Messdaten eines beliebigen Fahrzeugs mithilfe eines Partikelschwarmoptimierungsverfahrens (PSO). Damit stellt das Framework einen essenziellen Bestandteil der Arbeit dar, um die hohe Anzahl an Simulationen für die Modelloptimierung automatisiert durchführen zu können.

Bevor die eigentliche Optimierung beginnt, kann das Framework eine vorbereitende Sensitivitätsanalyse durchführen. Dabei wird untersucht, welche der zu optimierenden Modellparameter in welchem Testlauf welchen Einfluss auf die betrachteten Ausgangsgrößen haben. Diese Sensitivitätsanalyse dient als Grundlage, um Parameter, Testläufe und Ausgangsgrößen gezielt zu gruppieren. Dadurch kann die Optimierung effizienter gestaltet und die Anzahl der notwendigen Simulationsläufe reduziert werden (siehe Abschnitt 4.2).

Weiter beschrieben werden die eingesetzten Modifikationen des PSO-Algorithmus, welche helfen, die Konvergenzgeschwindigkeit und die Stabilität des Schwarms zu erhöhen (siehe Abschnitt 4.4). Damit eng in Verbindung steht die entwickelte Methode zur Fehlerberechnung, welche eine essenzielle Rolle im Optimierungsprozess einnimmt. Die Bewertung der Simulationsergebnisse und damit Modellgüte erfolgt auf Basis der in 2.2.3 beschriebenen ISO 18571. Mit ihr werden die simulierten und gemessenen Zeitreihen miteinander verglichen und so für jede Simulation mehrere Fehlermaße bestimmt. Da der PSO-Algorithmus jedoch nur einen einzelnen Rückgabewert als Fitnessmaß jedes Partikels erwartet, wurde ein Gewichtungsverfahren entwickelt, welches alle Einzelfehler zu einem Gesamtfehlerwert kombiniert (siehe Abschnitt 4.5).

Neben der eigentlichen Simulation ist das Framework darauf ausgelegt, den gesamten Optimierungsprozess strukturiert zu organisieren - von der Modellauswahl über die Konfiguration und Automatisierung der Simulation bis hin zur graphischen Auswertung und dem schrittweisen Inkorporieren von Optimierungsergebnissen

© Der/die Autor(en), exklusiv lizenziert an
Springer Fachmedien Wiesbaden GmbH, ein Teil von Springer Nature 2026
S. T. Maier, *Automatisierte Modelloptimierung für Fahrzeuge mit Anhänger*,
Wissenschaftliche Reihe Fahrzeugtechnik Universität Stuttgart,
https://doi.org/10.1007/978-3-658-51622-2_4

durch Parametervorgabe. Im weiteren Verlauf dieses Kapitels werden zunächst der genaue Ablauf sowie die einzelnen Prozessschritte und weitere relevante Programmfunktionen strukturiert dargestellt (siehe Abschnitt 4.1).

4.1 Strukturübersicht und Programmablauf

Der Optimierungsprozess beginnt mit der Auswahl eines Arbeitsordners durch den Nutzer. Ein solcher Ordner wie gezeigt in Abbildung (4.1), bildet die zentrale Struktur für jedes Optimierungsvorhaben und enthält alle relevanten Daten und Konfigurationen. Der Aufbau des Arbeitsordners folgt einem Schema, welches eine Trennung zwischen Eingangs-, Simulations- und Auswertungsdaten umsetzt:

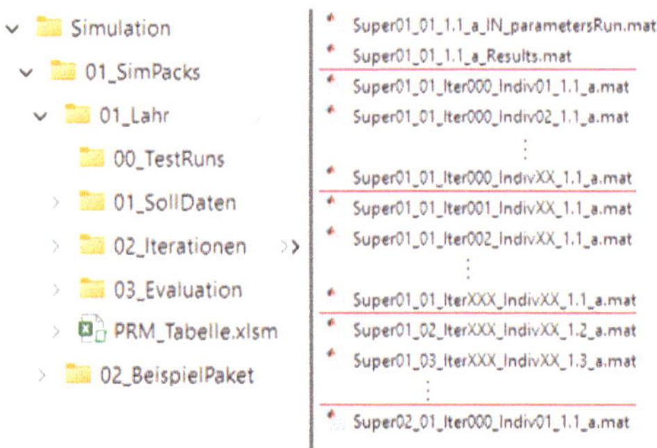

Abb. 4.1: Framework: Ordnerstruktur - Datenstruktur

- **Testfahrten und Messdaten:** Ordner `00_Testruns` & `01_Solldaten`

  - `00_Testruns` enthält die in CarMaker in Form von Testläufen angelegten Messfahrten des Gespanns.

  - `01_Solldaten` enthält die zugehörigen Messdaten, die als Referenz für die Fehlerberechnung bei der Optimierung dienen. Hier werden auch die Ergebnisse der Sensitivitätsanalyse abgelegt.

- **Parameter- & Rundenmanagement-Tabelle (PRM-Tabelle):** Excel-Tabelle

  - Die **PRM-Tabelle** spezifiziert die zu optimierenden Parameter, gibt eine initiale Startparametrierung sowie die Definition der Simulationsrunden vor.

– Eine **Rundendefinition** umfasst:

* Welche Testläufe in welcher Reihenfolge simuliert werden und wie viele Iterationen je Testlauf durchgeführt werden (z. B. an erster Stelle 6x ein longitudinales, danach 6x ein laterales Szenario). Auch lässt sich konfigurieren, wie oft die gesamte Testlauf-Reihe wiederholt wird („Superiteration").

* Welche Parameter je gewähltem Testlauf „aktiv" sind, also vom Schwarm optimiert werden.

* Vorgaben für neue Startparameter: Optimierte Werte vorheriger Runden können schrittweise ins Modell übernommen werden, sodass jede neue Optimierungsrunde mit dem bestmöglichen Parametersatz startet. Dies erlaubt eine inkrementelle Verbesserung des Modells über aufeinanderfolgende Runden.

• **Ergebnisse der Optimierung:** Ordner `02_Iterationen` & `03_Evaluation`

– `02_Iterationen` dient während des Optimierungsprozesses als Zielordner. Hier wird zu Iterationsbeginn eines Testlaufs die verwendete Konfiguration gespeichert. Dies umfasst die Auswahl der aktiven Parameter und die Werte aller restlichen Startparameter. Weiter werden die Ergebnisse jeder einzelnen Simulation und nach Iterationsende eines Testlaufs die Endbewertungen (Historie der Fitness und zugehöriger Parametrierung) aller Individuen zusammengefasst abgelegt. In Abbildung (4.1), rechts ist die resultierende Datenstruktur beispielhaft abgebildet.

– `03_Evaluation` dient nach Abschluss aller geplanten Testläufe, also am Ende einer Simulationsrunde, als Zielordner. Hier werden die Ergebnisse aufbereitet und visualisiert. Dies umfasst unter anderem Abbildungen von:

* Fitness aller Individuen, hinweg über alle Iterationen der Testläufe einer Simulationsrunde, (z. B. auf der y-Achse der Fehlerwert jedes Individuums und auf der x-Achse die aufeinanderfolgenden Iterationen für verschiedene Testläufe.

* Entwicklung der in der Simulationsrunde optimierten Parameter über alle Iterationen hinweg. Dies ermöglicht die Analyse des Konvergenzverhaltens des PSO-Algorithmus. Ein stabiler Schwarm deutet auf einen bevorzugten Parameterwert hin, während ungeordnetes Verhalten auf eine geringe Aussagekraft und folglich Nichteignung des entsprechenden Testlaufs für diesen Parameter schließen lässt.

Durch diese flexible Struktur kann das Framework für beliebige Fahrzeugmodelle eingesetzt werden, sofern die vorgegebenen Verzeichnis- und Datenstrukturen eingehalten werden. Dies gewährleistet eine skalierbare und übertragbare Optimierungsumgebung, unabhängig vom konkreten Fahrzeugmodell oder Testdatensatz. Um den Ablauf des Programms nachvollziehbar darzustellen, zeigt Abbildung (4.2) eine Übersicht über die einzelnen Prozessschritte in Form eines Sequenzdiagramms.

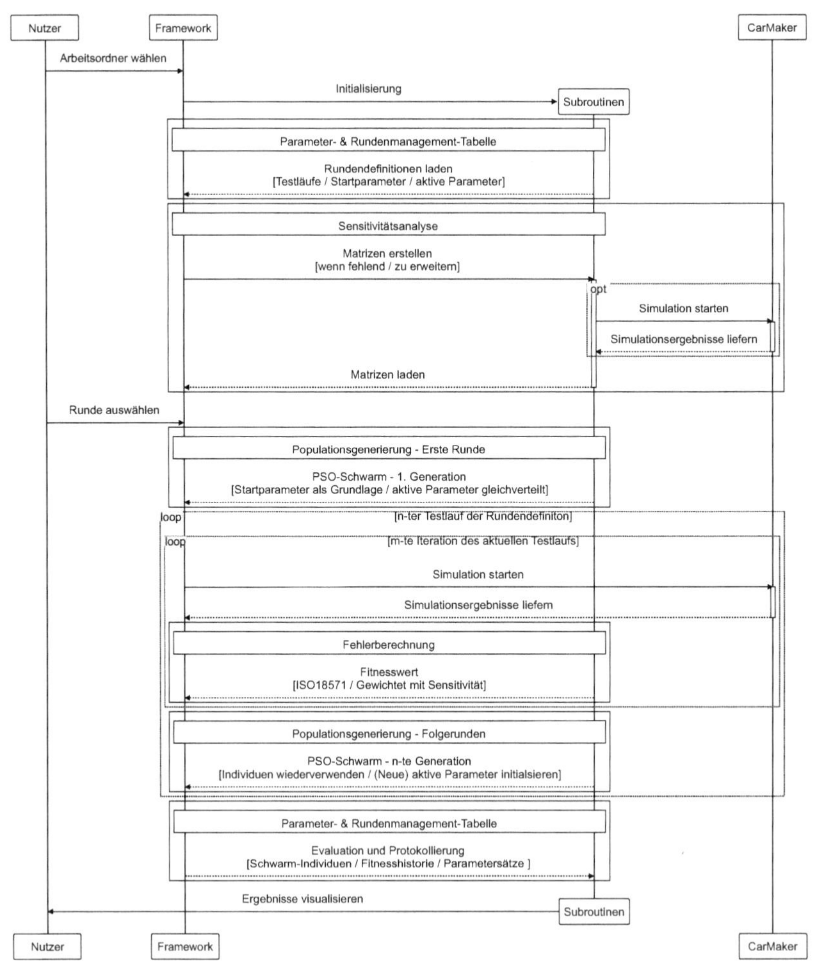

Abb. 4.2: Framework Ablaufdiagramm

Es beschreibt den Ablauf der Interaktion zwischen den Hauptkomponenten des Frameworks in MATLAB, der Kommunikation [52] mit der Simulationssoftware CarMaker, dem Nutzer und den Subroutinen für die Steuerung, Analyse, Optimierung und Datenverwaltung.

Bei der Initialisierung werden zunächst ein Arbeitsordner gewählt und die in der PRM-Tabelle hinterlegten Parameter- sowie Rundendefinitionen geladen. Anschließend wird für jeden Testlauf des aktuellen Arbeitsordners einmalig eine Sensitivitätsanalyse durchgeführt. Die Analyseergebnisse jedes Testlaufs werden im Ordner **01_Solldaten** als Matrizen zusammengefasst abgelegt. Für alle folgenden Framework-Initialisierungen reicht es dann die Matrizen zu laden, die Analysen müssen folglich nicht erneut durchgeführt werden.

→ Die Sensitivitätsanalyse wird in Abschnitt (4.2) detailliert beschrieben.

Nun hat der Nutzer die Möglichkeit, eine Runde auszuwählen. Anschließend erfolgt die Generierung der initialen Population für das Optimierungsverfahren, wobei die aktiven Parameter, also jene, die gerade optimiert werden, zufällig innerhalb definierter Grenzen verteilt werden. Falls es sich nicht um den ersten Testlauf handelt, werden die bestehenden Individuen des PSO-Schwarms weiterverwendet. Der Schwarm wird anhand der Rundenvorgaben für den nächsten Testlauf aktualisiert; Werte nicht länger aktiver Parameter werden fixiert, eventuell neu hinzugekommene aktive Parameter werden initialisiert. Die Verteilung der Werte wird mit gewichteten Wahrscheinlichkeitsverteilungen bestimmt.

→ Die Populationsgenerierung wird in Abschnitt (4.3) detailliert beschrieben.

Der Hauptprozess des Programms läuft in einem verschachtelten Schleifenmodell ab. Für jeden definierten Testlauf durchläuft jedes Individuum mehrere Iterationen. In jeder Iteration wird eine Simulation in CarMaker gestartet, deren Ergebnisse anschließend ausgewertet werden. Die Fehlerberechnung erfolgt anhand der ISO 18571-Kriterien, wobei die Sensitivitätsanalyse zur gewichteten Bewertung der Ergebnisse herangezogen wird.

→ Die implementierten Erweiterungen des PSO-Algorithmus werden in Abschnitt (4.4) beschrieben.

→ Die entwickelte Methodik der Fehlerberechnung wird in Abschnitt (4.5) detailliert beschrieben.

4.2 Sensitivitätsanalyse und Clustering

Um die Optimierung effizienter zu gestalten, werden Sensitivitätinformationen und Modellzusammenhänge benötigt, wie etwa Auswirkungen von Parametervariationen, insbesondere beim Quervergleich von Testläufen mit unterschiedlicher Dynamik. Eine erstellte Gruppierung von Parametern und Testläufen hinsichtlich ihrer Charakteristiken ermöglicht eine effiziente Planung von Optimierungsrunden und hilft so, die Zahl der benötigten Simulationen gering zu halten. Dieses zweistufige Vorgehen, aus quantitativer Analyse der Sensitivitäten und anschließender Clusterbildung wird im Folgenden beschrieben.

4.2.1 One-Factor-at-a-Time (OFAT)

Die Sensitivitätsanalyse dient zunächst dazu, den Einfluss einzelner Modellparameter auf die Simulation zu untersuchen. Hierbei kommt das One-Factor-at-a-Time (OFAT)-Verfahren ([9]) zum Einsatz, welches nacheinander immer nur eine Variable verändert, während alle anderen aber konstant bleiben. Dies ermöglicht eine gezielte Bewertung der Wirkung einzelner Parameteränderungen und erlaubt quantitative Aussagen zur Sensitivität des Modells.

Gegeben sei ein Modell mit der Ausgangsfunktion y als Funktion mehrerer Eingangsparameter:

$$y = f(p_1, p_2, \ldots, p_n) \qquad \text{Gl. 4.1}$$

Die Startkonfiguration des Modells ist im Parameterraum definiert als:

$$\mathbf{p}_0 = (p_1^0, p_2^0, \ldots, p_n^0) \qquad \text{Gl. 4.2}$$

Zur Vorbereitung der Sensitivitätsanalyse wurde für jeden zu untersuchenden Modellparameter eine typische Variation in der PRM-Tabelle hinterlegt. Nun wird immer je ein Eingangsparameter um die typische Variation v_i nach oben bzw. unten variiert:

$$\mathbf{p}_i^+ = (p_1^0, \ldots, p_i^0 + v_i, \ldots, p_n^0) \qquad \text{Gl. 4.3}$$

$$\mathbf{p}_i^- = (p_1^0, \ldots, p_i^0 - v_i, \ldots, p_n^0) \qquad \text{Gl. 4.4}$$

Anschließend werden die Simulationsergebnisse aller untersuchten Ausgangsgrößen mit dem Referenzergebnis der Startkonfiguration verglichen. Konkret bedeutet dies hier, dass für alle untersuchten Ausgangsgrößen eine Differenz der Bewertungen nach ISO 18571 (Abschnitt 2.2.3) gebildet wird. Diese Analyse umfasst die Längs- und Querbeschleunigungen und Gierraten des Fahrzeugs und Anhängers, sowie die Längs- und Stützkraft an der Kupplung des Fahrzeugs. Die resultierenden Änderungsvektoren der Modellantwort lauten:

$$\Delta y_i^+ = f(\mathbf{p}_i^+) - f(\mathbf{p}_0) \qquad \text{Gl. 4.5}$$

$$\Delta y_i^- = f(\mathbf{p}_i^-) - f(\mathbf{p}_0) \qquad \text{Gl. 4.6}$$

Die Sensitivität des Parameters p_i wird schließlich lokal mit dem Differenzenquotienten näherungsweise berechnet:

$$S_i \approx \frac{\Delta y_i^+ - \Delta y_i^-}{2 v_i} \qquad \text{Gl. 4.7}$$

Die ermittelten Sensitivitätswerte geben nun Aufschluss darüber, wie stark sich einzelne Parameter auf das Modellverhalten auswirken. Dadurch wird es möglich für jeden einzelnen Testlauf gezielt Parameter zu identifizieren, die einen besonders hohen oder auch vernachlässigbaren Einfluss auf bestimmte Dynamikgrößen haben. Das gewählte Vorgehen wird folgend beschrieben.

4.2.2 Clustering

Die Sensitivitätsanalyse hat für alle Parameter die jeweiligen Auswirkungen auf die neun untersuchten Ausgangsgrößen (Längs- und Querbeschleunigungen sowie Gierrate von Fahrzeug und Trailer ergänzt durch Zug- und Stützkraft sowie der Knickwinkel an der Fahrzeugkupplung) über sämtliche Testläufe hinweg simuliert. Die zugrunde liegende Datenstruktur umfasst daher drei Dimensionen:

$$\text{Parameter} \times \text{Ausgangsgrößen} \times \text{Testläufe}$$

Basierend darauf werden nun zunächst Korrelationen zwischen den Modellparametern untersucht. Anschließendes Clustering gruppiert dann Testläufe, Ausgangsgrößen und Parameter mit ähnlichem Einflussverhalten und verfolgt drei zentrale Ziele:

- **Dimensionsreduktion für die PSO-Optimierung (Clustering)**:
  Der PSO-Algorithmus arbeitet im Kern mit einer eindimensionalen Fitnessbewertung. Da jedoch die Fahrzeugbewegungen durch mehrere Zustandsgrößen
  beschrieben werden, wird eine Methode benötigt, um die Ausgangsgrößen in
  einem Wert zu bündeln. Anstatt aber alle neun Ausgangsgrößen und ihre Fehlerwerte einfach zu mitteln - wodurch wertvolle Informationen über die genauen
  Fehlerursachen bezüglich ihrer Dynamikkomponenten verloren gehen - sollen
  die Ausgangssignale entsprechend ihrer Ähnlichkeiten gebündelt werden.

  Die Analyse der Korrelationen zwischen den Sensitivitätswerten zeigt, dass sich
  die betrachteten Ausgangsgrößen auf drei Hauptkomponenten reduzieren lassen:

  - **Längsdynamik des Fahrzeugs und Anhängers**: Längsbeschleunigungen des
    Fahrzeugs $a_{x,\mathrm{Car}}$ und des Anhängers $a_{x,\mathrm{Trailer}}$.

  - **Querdynamik und Gierbewegungen**: Querbeschleunigungen und Gierraten
    von Fahrzeug ($a_{y,\mathrm{Car}}$, $\dot{\psi}_{\mathrm{Car}}$) und Anhänger ($a_{y,\mathrm{Trailer}}$, $\dot{\psi}_{\mathrm{Trailer}}$) sowie der Knick-
    winkel (dr_z) zwischen beiden Fahrzeugen.

  - **Kräfte an der Kupplung**: Zug-, und Stützkraft F_x, F_z) an der Anhängerkupp-
    lung.

  Dadurch wird sichergestellt, dass die PSO-Optimierung trotz Vereinfachung
  dennoch mit einer repräsentativen Zielfunktion operiert. Abbildung (4.3) zeigt
  die Korrelation der Ausgangsgrößen vor und nach dem Clustering. Am Korre-
  lationsergebnis lassen sich im Endeffekt so auch die (im Gedankenexperiment
  erwarteten) physikalischen Abhängigkeiten von Längs-, Quer-, und Kraftkompo-
  nenten bestätigen. Die gleichen Hauptkomponenten werden anschließend auch für
  alle weiterführenden Korrelationstests und den gesamten Optimierungsvorgang
  beibehalten, um konsistente Ergebnisse zu gewährleisten.

  Das genaue mathematische Vorgehen der Fehlerberechnung mit Hilfe der gruppierten Ausgangsgrößen und ihren Sensitivitätsinformationen wird in Abschnitt
  (4.5) erklärt.

- **Gruppierung der Testläufe**: Um den Optimierungsprozess weiter zu strukturieren, wird auch eine Gruppierung der Testläufe durchgeführt. Ziel ist es,
  Ähnlichkeiten zwischen den 25 verfügbaren Testläufen zu identifizieren und
  charakteristische Gruppen mit vergleichbaren Dynamikeigenschaften zu bilden.
  Dies ermöglicht:

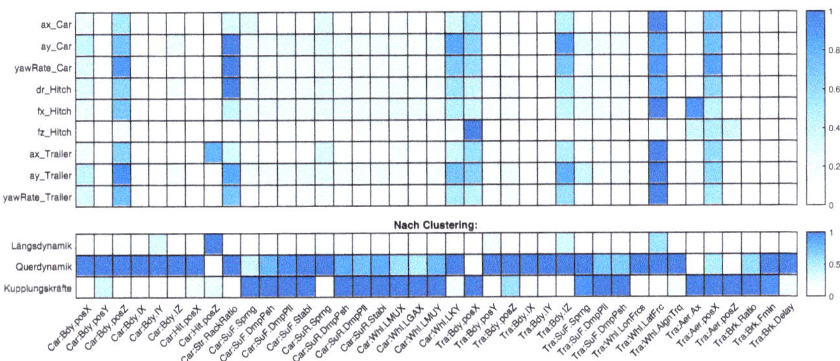

Abb. 4.3: Korrelation: Ausgangsgrößen - Parameter | Vor & Nach Clustering

– Eine gezielte Auswahl von **repräsentativen Testläufen** für spezifische Modellaspekte.

– Eine **Reduktion der zu betrachtenden Testläufe**, indem redundante oder sehr
ähnliche Testfahrten in Gruppen zusammengefasst werden.

– Die Erstellung eines **Benchmark-Sets**, das aus fünf passend ausgewählten Testläufen besteht. Diese fünf Fahrmanöver decken das gesamte Dynamikspektrum
der Testfahrten ab und bieten eine kompakte, aber repräsentative Grundlage für
die Bewertung nach Optimierungsrunden.

Diese Gruppierung verbessert nicht nur die Übersichtlichkeit, sondern ermöglicht es auch, gezielt Szenarien auszuwählen, die für spezifische Modellaspekte
besonders relevant sind.

Schlussendlich ergab sich eine Unterteilung in 5 verschiedene Manövertypen.
Interessanterweise ist die Art der longitudinalen Anregung (Konstantfahrt, Be-
schleunigen, Bremsen und Gas&Bremse im Wechsel) nicht relevant. Bei reinen
Geradeausfahrten ist darüber hinaus sogar der Einfluss der Geschwindigkeit auf
Parametersensitivitäten vernachlässigbar. Diese bilden die erste Gruppe. Die zwei-
te Gruppe umfasst alle Kreisfahrten, ebenfalls unabhängig von der longitudinalen
Anregung.

Erst bei den kombinierten Fahrten zeigen sich Auswirkungen der Geschwindigkeit. Die Testfahrten lassen sich nach ihrer Korrelation in drei Gruppen einteilen,

die von Geschwindigkeit und Intensität der Querdynamik abhängen. Wie bei den Geradeausfahrten zeigt sich hier, dass Manöver mit wenig Querdynamik trotz hoher Geschwindigkeit keine signifikanten Sensitivitätsunterschiede zu langsameren Fahrten aufweisen - dementsprechend auch mit ihnen gruppiert werden. Die anderen beiden Gruppen umfassen zum einen schnelle & dynamische Manöver und zum anderen sehr schnelle bzw. Manöver nahe der lateralen Fahrgrenze.

Testfahrtgruppen (Zugehörige Manöver sind beschrieben in Tabelle 3.1)

- **Geradeausfahrten ohne Querdynamik**:
  (1.1a), (1.1b), (1.1c), (1.2a), (1.2b), (1.3a), (1.4a), (1.4b)

- **Kreisfahrten**:
  (2.1a), (2.2a), (2.3a), (2.4a)

- **Kombinierte Fahrten - langsam / sanfte Querdynamik**:
  (3.1a), (3.2a), (3.2b), (3.3c), (3.4a), (3.4b), (3.5a)

- **Kombinierte Fahrten - schnell / mittlere Querdynamik**:
  (3.1b), (3.3a), (3.5b)

- **Kombinierte Fahrten - sehr schnell / hohe Querdynamik**:
  (3.1c), (3.3b), (3.4c)

Das beim Optimierungsvorgang angewendete Benchmark-Set wird festgelegt zu den Testfahrten: (1.1c), (2.2a), (3.2b), (3.1b), (3.4c).

- **Optimale Rundenplanung**: Die letzte Phase der Clusteranalyse befasst sich mit der optimalen Kombination von Modellparametern und Testfahrten. Schon bei Planung der Testfahrten wurde versucht, eine Entkopplung der Modelldynamiken und Parameter zu erreichen.

In Abbildung (4.4) ist dazu beispielhaft eine stark vereinfachte Korrelationsanalyse zwischen Testläufen und Parametern dargestellt, in der alle Ausgangsgrößen zusammengefasst wurden. Im Rahmen der Optimierung in Kapitel 5 werden die Ausgangsdaten dann entsprechend der zuvor vorgestellten Gruppen (Längs, Quer, Kräfte) in drei getrennten Korrelationen gebündelt. Das gewonnene Wissen erleichtert – und ermöglicht in manchen Fällen überhaupt erst – die Optimierung komplexer Zusammenhänge, da sich so verschiedene Dynamikbereiche und Systemreaktionen voneinander trennen und auf mehrere Optimierungsprozesse aufteilen lassen.

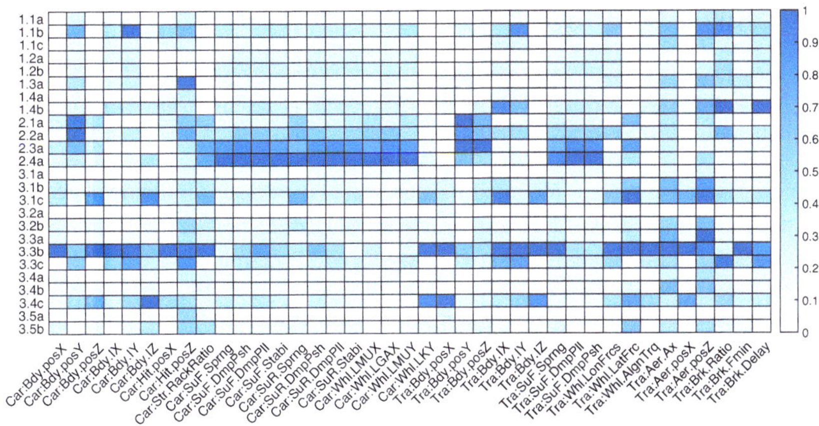

Abb. 4.4: Korrelation: Testläufe - Parameter

Ziel ist es also, für jeden Parameter oder Parametergruppe die bestmöglichen Testläufe zu identifizieren, um:

– **Sensible Testläufe für bestimmte Parameter zu wählen**: Manche Parameter haben einen starken Einfluss auf bestimmte Fahrmanöver, während sie bei anderen kaum Wirkung zeigen. Durch eine geschickte Wahl der Testläufe kann sichergestellt werden, dass relevante Parameter nur mit aussagekräftigen Testläufen optimiert werden.

– **Wechselwirkungen von Parameter(gegen)kopplungen zu minimieren**: Einige Parameter beeinflussen sich gegenseitig, was zu unklaren Parameterverhältnissen oder Störeinflüssen führen kann. Durch eine geeignete Testlauf-Parameter-Zuordnung kann dieser Effekt reduziert werden, sodass bestimmte Parameter unabhängig voneinander optimiert werden können.

Die Informationen aus der Korrelationsanalyse und dem Clustering helfen also die Rundenplanung zielgerichteter zu gestalten und sind Grundlage für das angewendete Gewichtungsverfahren, welches in Abschnitt (4.5) beschrieben wird.

4.3 Populationsgenerierung

Die Erstellung der Individuen für den Partikelschwarm unterscheidet sich je nach Testlauf in zwei unterschiedliche Fälle.

1. Zu Beginn eines neuen Optimierungsdurchlaufs werden die Individuen des Partikelschwarms auf Basis der Startparameter für die entsprechende Runde aus der PRM-Tabelle initialisiert. Dabei gelten folgende Prinzipien:

   - **Startparameter:** Alle Individuen starten mit identischen Werten für die nicht zu optimierenden Parameter.

   - **Aktive Parameter - Zufallsverteilung:** Die zu optimierenden Parameter werden innerhalb eines festgelegten Wertebereichs (ebenfalls aus der PRM-Tabelle) zufällig gleichverteilt generiert. Hierbei wird eine gleichmäßige Zufallsverteilung $\mathcal{F}(a, b)$ verwendet:

$$p_i^{(0)} \sim \mathcal{F}(p_{\min}, p_{\max}) \qquad \text{Gl. 4.8}$$

   wobei $p_i^{(0)}$ den Startwert des Parameters p_i für das Individuum beschreibt, während $p_{\min}$ und $p_{\max}$ die in der PRM-Tabelle hinterlegten Grenzwerte für diesen Parameter darstellen.

2. In nachfolgenden Testläufen werden die Individuen des vorherigen Schwarms vollständig übernommen, wobei zwei Anpassungen vorgenommen werden:

   - **Deaktivierte Parameter - Fixierung:** Parameter, die in der aktuellen Runde nicht mehr aktiv optimiert werden, behalten die zuletzt zugewiesenen Werte und werden nicht weiter verändert.

   - **Aktivierte Parameter - Zufallsverteilung:** Erstmalig aktivierte Parameter werden gleich behandelt, wie jene vor dem ersten Testlauf bei Beginn der Optimierungsrunde.

   - **Weiter aktive Parameter - Rekombination:** Für weiterhin aktive Parameter wird die Schwarmverteilung der vorherigen Generation $n - 1$ durch eine Normalverteilung $\mathcal{N}(\mu, \sigma)$ angenähert:

$$p_i^{(n-1)} \sim \mathcal{N}(\mu_i, \sigma_i^2) \qquad \text{Gl. 4.9}$$

Dazu werden μ_i und σ_i^2 aus den bestehenden Partikeln der vorherigen Generation bestimmt.

Die ursprüngliche Startverteilung für diesen Parameter wird in den Folgerunden als Normalverteilung angenähert, wobei der ursprüngliche Startwert als Mittelwert μ dient und die Standardabweichung σ aus den initialen Wertegrenzen berechnet wird:

$$\sigma = \frac{p_{\max} - p_{\min}}{6}$$

Um nun die Verteilung der neuen Individuen zu erhalten, werden die beiden Verteilungen (die aktuelle Schwarmverteilung und die ursprüngliche Startverteilung) durch ein Gaussian Mixture Model (GMM) kombiniert:

$$p_i^{(n)} \sim \sum_{k=1}^{K} w_k \mathcal{N}(\mu_k, \sigma_k^2) \qquad \text{Gl. 4.10}$$

In diesem Fall gilt $K = 2$ - eine Komponente für die Startverteilung, eine für die Schwarmverteilung. Die Gewichte w_k bestimmen, wie stark die jeweilige Verteilung in die Neugenerierung der Individuen eingeht. Die Gewichtung entwickelt sich iterativ basierend auf der Anzahl der bisherigen Verwendungen des jeweiligen Parameters in der Optimierungsrunde. Zu Beginn werden die Startverteilung und die Schwarmverteilung mit den folgenden Gewichten kombiniert:

$$w_{\text{start},0} = 0.8, \quad w_{\text{swarm},0} = 1 - w_{\text{start},0} = 0.2. \qquad \text{Gl. 4.11}$$

Nach jeder weiteren Verwendung des Parameters wird das Gewicht der Startverteilung mit dem Faktor 0.8 multipliziert. Damit ergeben sich:

$$w_{\text{start},t} = 0.8^t, \quad w_{\text{swarm},t} = 1 - 0.8^t. \qquad \text{Gl. 4.12}$$

Somit dominiert zu Beginn die ursprüngliche Startverteilung, während mit zunehmender Anzahl an Optimierungsschritten die Schwarmverteilung stärker ins Gewicht fällt.

4.4 Modifikationen der PSO

Die klassische Partikelschwarmoptimierung ist generell ein leistungsfähiges Verfahren zur iterativen Suche nach optimalen Parametern, jedoch gibt es Anwendungsszenarien, in denen Modifikationen notwendig sind. Insbesondere bei nichtlinearen

Systemen mit stark interagierenden Parametern kann es zu übermäßiger Anpassung einzelner Parameter kommen, die zu physikalisch unrealistischen Lösungen führt oder die Modellgüte nur scheinbar verbessert. So wurden gezielt Änderungen vorgenommen, zur...

- ...Vermeidung von Überanpassung durch unphysikalische Parameterwerte und damit ausgewogenere Nutzung der aktiven Parameter.

- ...Verbesserung des Explorations- und Konvergenzverhaltens in Abhängigkeit des momentanen „Erfolgs" des Schwarms.

4.4.1 Modifikation: Suchraum - Parametergrenzen

Das Fahrzeugmodell ist hochgradig nichtlinear und besitzt eine Vielzahl von Parametern, die miteinander interagieren. Dadurch kann es vorkommen, dass ein Modellfehler nicht durch die korrekte Balance mehrerer Parameter behoben wird, sondern durch die übermäßige Anpassung eines einzelnen Parameters scheinbar kompensiert wird.

Ein anschauliches Beispiel (4.5) hierfür ist die Optimierung der Lenkübersetzung des Fahrzeugs in Zusammenhang mit der Seitenstabilität der Trailerreifen. Bei der Analyse eines spezifischen Testlaufs (Manöver (2.1a), konstanter Kreis mit treppenförmig steigender Geschwindigkeit) wurde in den Messfahrten ab einer Querbeschleunigung von etwa $7\,\text{m/s}^2$ ein leichtes Ausbrechen des Trailers mit anschließendem Zurückpendeln beobachtet. In der Simulation hingegen trat das Ausbrechen früher und stärker auf.

Ohne gleichzeitige Berücksichtigung der Seitenstabilität der Trailerreifen - oder, (wenn nicht aktiv) mit einem zu klein gewählten Startwert - versucht der PSO-Schwarm, das Problem durch Anpassung der Lenkübersetzung zu lösen. Konkret geschieht Folgendes:

- Der Schwarm erhöht die Lenkübersetzung des Fahrzeugs, der Lenkeinschlag an den Reifen wird kleiner.

- Dadurch wird die gesamte laterale Dynamik ($\dot{\psi}$, a_y) herunter skaliert.

- Dies sorgt dafür, dass die kritische Dynamikgrenze nicht mehr erreicht wird.

- Als letzte Konsequenz tritt das Ausbrechen des Trailers nicht mehr auf.

Bei Untersuchung der Fitnessbewertung fällt dazu folgendes auf: Ein Modell, das durchgehend eine um den Faktor $x0.7$ verkleinerte laterale Dynamik aufweist und deshalb stets im stabilen Fahrzustand bleibt, erhält eine bessere Bewertung als ein Modell mit nahezu perfekter Übereinstimmung bis zur Dynamikgrenze, gefolgt von einer letzten instabilen Phase. In ausgewählten Situationen bevorzugt die Fitnessbewertung also ein suboptimal angepasstes Modell gegenüber einem physikalisch realistischen Verhalten, es wird also ein lokales Optimum eingenommen.

Wird der Wertebereich der Lenkübersetzung nun jedoch limitiert, verhindert dies eine Überanpassung und gibt dem Schwarm die Möglichkeit die Auswirkungen der Reifen - und anderer Parameter - zu untersuchen (welche oft überhaupt erst bei Erreichen der Dynamikgrenzen sichtbar werden). Das lokale Optimum ist folglich nicht mehr erreichbar oder wurde so verkleinert, dass der Schwarm aus diesem ausbrechen kann. Gleichzeitig entspricht dieser Ansatz auch der technischen Realität, in der Parameter nur in physikalisch sinnvollen Bereichen variieren können.

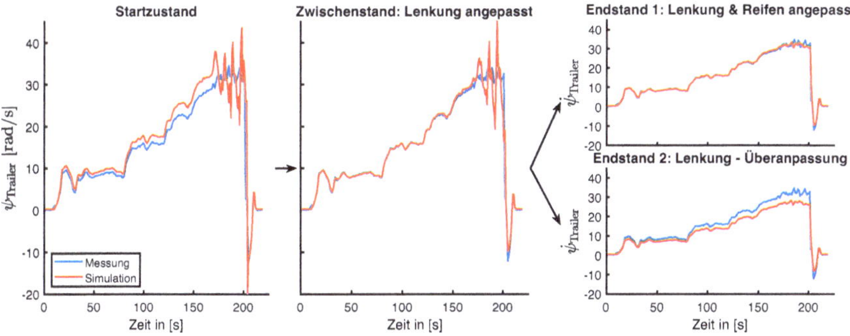

Abb. 4.5: Optimierung: Gierrate Trailer | Globales Optimum & Überanpassung

Die Einführung von Parametergrenzen erfolgt über die PRM-Tabelle, welche die minimal und maximal zulässigen Werte vorgibt. Diese Erweiterung erfordert zusätzlich eine geeignete Methode zur Behandlung von Partikeln, die über diese Grenzen hinauswandern. Dazu sind drei Ansätze bekannt:

- **Kappung der Werte:** Falls ein Partikel eine Grenze überschreitet, wird sein Wert auf den Maximal- oder Minimalwert gesetzt und seine Geschwindigkeit auf null gesetzt. Dies führt zu einer stärkeren Konzentration des Schwarms auf gültige Bereiche, reduziert jedoch die Vielfalt der Lösungen für den betroffenen Parameter.

- **Teleportation auf die gegenüberliegende Seite des Bereichs:** Partikel, die eine Grenze überschreiten, werden auf die gegenüberliegende Seite des Bereichs gesetzt. Dies verhindert ein Feststecken an den Grenzen, berücksichtigt jedoch nicht die Konvergenztendenz des Schwarms.

- **Reflexion an der Grenze mit Umkehr der Geschwindigkeit:** Wenn ein Partikel eine Grenze überschreitet, wird es an der Grenze reflektiert und seine Geschwindigkeit umgekehrt. Dadurch bleibt die Konvergenztendenz des Schwarms erhalten, während die Diversität nicht übermäßig eingeschränkt wird.

In dieser Arbeit wurde die Reflexionsmethode gewählt, da sie sowohl die Stabilität als auch die Wertevielfalt der Optimierungsergebnisse sicherstellt.

4.4.2 Modifikation: Bewegungsgleichung - Adaptive Trägheit

Wie bereits in Abschnitt (2.3.2) beschrieben dient die Trägheit ω im PSO-Algorithmus dazu bei das Konvergenzverhalten des Schwarms zu steuern. Eine zu hohe Gewichtung führt zu starker Exploration, sodass der Schwarm nicht konvergiert. Ist die Gewichtung hingegen zu niedrig, kann die Suche in einem lokalen Optimum steckenbleiben. Um dieses Problem zu lösen, finden sich in der Literatur verschiedene zeitbasierte oder auch auf Partikelfitness basierte Verfahren. Daran angelehnt wurde von [36] eine adaptive Strategie für ω vorgeschlagen, die sich dynamisch an den Erfolg des gesamten Schwarms anpasst.

Die Grundidee besteht darin, für jede Iteration eine Erfolgsrate S zu berechnen, die beschreibt, welcher Anteil des Schwarms in dieser Runde besser geworden ist. Dazu wird für jeden Partikel überprüft, ob sich sein Fitnesswert im Vergleich zur Vorrunde verbessert hat. Falls ja, wird dies mit einer 1 gewertet, andernfalls mit 0. Die Erfolgsrate des gesamten Schwarms ergibt sich dann als das arithmetische Mittel dieser Werte über alle Partikel. Basierend auf dieser Erfolgsrate wird die Trägheitsgewichtung ω in jeder Iteration neu berechnet nach:

$$\omega = \omega_{\min} + (\omega_{\max} - \omega_{\min}) \cdot S$$

In dieser Arbeit werden die Grenzwerte zu $\omega_{\min} = 0$ und $\omega_{\max} = 1$ gewählt, es gilt also:

$$\omega = S$$

Die adaptive Anpassung von ω sorgt dafür, dass der Schwarm je nach Optimierungsfortschritt unterschiedlich reagiert. Haben viele Partikel ihre Fitness verbessert,
bleibt die Erfolgsrate S hoch, der Schwarm bewegt sich also weiter schnell auf die
optimale Lösung zu. Sobald einige Partikel keine Verbesserung mehr aufweisen,
sinkt die Erfolgsrate S, der Schwarm verlangsamt sich also und kann so feiner
aufgelöste Suchschritte durchführen.

Diese Methode bietet zwei wesentliche Vorteile: Erstens passt sich der Algorithmus
automatisch an das aktuelle Konvergenzverhalten von Testlauf und aktiven Parametern an. Zweitens vermeidet der Ansatz so komplizierte Feedbackberechnungen
oder zeitabhängige Methoden zur Trägheitssteuerung und greift stattdessen auf
einen Wert mit leicht verständlicher Bedeutung zurück.

4.5 Methodik der Fehlerberechnung

Fehlerberechnungsmethodik: Die Fehlerberechnung erfolgt auf Grundlage der
individuellen Sensitivitätsmatrizen jedes Testlaufs, in denen die nach Hauptkomponenten gruppierten Ausgangsgrößen den zugehörigen Modellparametern gegenübergestellt werden. Diese Sensitivitätsinformationen werden genutzt, um die
Simulationsfehler entsprechend zu gewichten und der resultierende Fitnesswert die
Optimierung zielgerichteter leiten kann. Auch ermöglicht dies eine vergleichbare Bewertung unterschiedlicher Parameterkombinationen. Zur Veranschaulichung
sind in Abbildung (4.6) dazu die Parametersensitivitäten von drei Beispieltest-
läufen dargestellt. Gut zu erkennen sind die Auswirkungen der unterschiedlichen
Manöverdynamiken jedes Testlaufs.

Mittelung der Fehlerwerte innerhalb der Hauptkomponenten: Zunächst werden
die Fehlerwerte der neun Ausgangsgrößen innerhalb ihrer jeweiligen Hauptkompo-
nentengruppe gemittelt. Die drei Hauptkomponentengruppen G_1, G_2, G_3 enthalten
jeweils mehrere Ausgangsgrößen y_i. Der gemittelte Fehler für die j-te Hauptkomponente berechnet sich als

$$E_{j=1,2,3} = \frac{1}{|G_{j=1,2,3}|} \sum_{y_i \in G_{j=1,2,3}} e_{y_i} \qquad \text{Gl. 4.13}$$

wobei e_{y_i} der Simulationsfehler der Ausgangsgröße y_i ist und $|G_j|$ die Anzahl der
Ausgangsgrößen in der Hauptkomponente G_j.

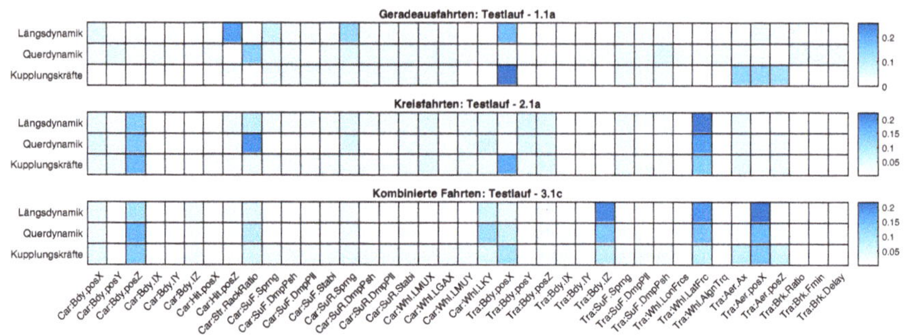

Abb. 4.6: Sensitivitäten: Testläufe im Vergleich

Berechnung der Sensitivitätssummen für aktive Parameter: Für jede der drei Hauptkomponenten wird die Summe der Sensitivitätswerte aller aktuell optimierten Parameter gebildet. Sei $S_{i,j}$ die Sensitivität des Parameters p_i bezüglich der Hauptkomponente j, dann ergibt sich die Sensitivitätssumme für jede Hauptkomponente als

$$S_j = \sum_{p_i \in P_\text{aktiv}} S_{i,j} \qquad \text{Gl. 4.14}$$

wobei P_aktiv die Menge der aktuell optimierten Parameter ist.

Normierung der Sensitivitätssummen: Um die Fehlergewichtung unabhängig von der Anzahl und den Einflussstärken der optimierten Parameter zu gestalten, werden die Sensitivitätssummen so skaliert, dass ihre Gesamtgröße normiert wird. Dadurch wird sichergestellt, dass die Summe der normierten Sensitivitätswerte über alle drei Hauptkomponenten hinweg gleich eins ist:

$$S_{j,norm} = \frac{S_j}{\sum_{k=1}^{3} S_k} \qquad \text{Gl. 4.15}$$

Gewichtung der Fehlerwerte mit normierten Sensitivitäten: Die zuvor berechneten gemittelten Fehlerwerte E_j der drei Hauptkomponenten werden mit den jeweiligen normierten Sensitivitätssummen $S_{j,norm}$ multipliziert:

$$E_j' = E_j \cdot S_{j,norm} \qquad \text{Gl. 4.16}$$

Dies stellt sicher, dass Fehlerwerte dann stärker berücksichtigt werden, wenn Parameter optimiert werden, die einen hohen Einfluss auf die entsprechende Hauptkomponente haben.

Berechnung des finalen Fehlerwerts: Der finale Gesamtfehler wird durch eine abschließende Mittelung der gewichteten Fehlerwerte bestimmt.

$$E_{\text{gesamt}} = \frac{1}{3} \sum_{j=1}^{3} E_j'$$

Gl. 4.17

Die vorgestellte Methodik ermöglicht eine adaptive Fehlerbewertung, bei der sich die Gewichtung der Fehler an den tatsächlich aktiven und relevanten Parametern orientiert. Insbesondere verhindert sie, dass ein Fehler in einer Hauptkomponente das Gesamtergebnis dominiert, wenn aktuell keine Parameter optimiert werden, die diese maßgeblich beeinflussen können.

Fehlerberechnungsmethodik beim Benchmark: Einzige Ausnahme zum oben beschriebenen Vorgehen bildet der Benchmark, welcher am Iterationsende jedes Testlaufs mit dem aktuell besten Individuum durchgeführt wird. Ziel der Modifikation ist es, Vergleichbarkeit aller Testläufe über sämtliche Runden hinweg zu gewährleisten. Dazu werden zunächst die Fehler innerhalb jeder der drei Hauptgruppen des Modells gemittelt. Anschließend wird aber keine Gewichtung anhand der Sensitivität der Parameter vorgenommen, sondern die drei resultierenden Gruppenfehler werden erneut gemittelt. So entsteht ein übergeordneter Fehlerwert, der als Vergleichsgröße für die letzte Iterationsrunde dient. Durch dieses Vorgehen wird sichergestellt, dass der Vergleich zwischen Testläufen nicht durch die Sensitivitäten der einzelnen Ausgangsgrößen beeinflusst wird und so eine konsistente Bewertung erfolgt.

5 Optimierung: Durchführung und Auswertung

In diesem Kapitel wird der Einsatz des entwickelten Frameworks zur Optimierung des Fahrzeug- und Trailermodells mittels PSO gezeigt. Ziel ist es, die vollständige Prozedur der Optimierung darzustellen und dabei zentrale Aspekte des Optimierungsansatzes zu untersuchen. Während des Vorgangs werden umfassend Simulationsdaten gesammelt und analysiert, um die schlussendlich erreichte Leistung des Modells quantitativ bewerten zu können.

Zunächst werden in einem einleitenden Abschnitt Vorbereitungen durchgeführt, um das Zusammenspiel zwischen der PSO und den Fahrzeugmodellen zu analysieren. Hierbei werden grundlegende Eigenschaften wie die Konvergenzgeschwindigkeit und die erforderliche Anzahl an Iterationen untersucht. Ebenso wird der Einfluss der Schwarmgröße sowie die Anzahl der zu optimierenden Parameter auf das Konvergenzverhalten betrachtet. Zudem wird geprüft, ob sich das Endergebnis bei Wiederholung eines Testlaufs mit identischen oder unterschiedlichen Startparametern reproduzieren lässt. Die Erkenntnisse der Vortests dienen so als Orientierungshilfe zur Konfiguration des Schwarms.

Anschließend wird die Ausgangskonfiguration des Modells beschrieben und das anfängliche Modellverhalten dokumentiert, um damit eine Grundlage für den späteren Vergleich mit den optimierten Ergebnissen zu schaffen. Darauf folgt die eigentliche Optimierungsphase. Diese wird in mehrere aufeinander aufbauende Runden unterteilt, in denen schrittweise verschiedene Aspekte des Modells angepasst werden. Jeder Optimierungsabschnitt fokussiert sich auf spezifische Parametergruppen, wodurch eine systematische Verbesserung der Modellgüte sichergestellt wird.

Im nächsten Abschnitt des Kapitels erfolgt eine detaillierte Gegenüberstellung der finalen Modelle mit der ursprünglichen Startkonfiguration. Hier werden Kennwerte wie die Fitness-Entwicklung oder die Parameterverläufe über alle Optimierungsrunden hinweg analysiert, um den Fortschritt der Optimierung quantitativ zu bewerten. Die Bewertung der erreichten Validität und des Gültigkeitsbereichs schließt dieses Kapitel ab und bildet die Überleitung zu Kapitel 6.

Kapitel 6, als abschließendes Kapitel der Arbeit, ordnet die erreichte Modellgüte im Kontext der gestellten Anforderungen ein und beleuchtet, welche übergeordneten

Erkenntnisse sich aus dem Optimierungsvorgang ableiten lassen. Neben einer kritischen Auseinandersetzung mit Stärken und Limitierungen des Vorgehens wird der Beitrag zur Modellierungspraxis hervorgehoben und ein Ausblick auf zukünftige Entwicklungen gegeben.

5.1 Vorbereitungen

5.1.1 Vorbereitung: Grafische Auswertung und Signalqualität

Zur Bewertung der Simulationsergebnisse wurden für jede relevante Ausgangsgröße grafische Auswertungen erstellt. Diese zeigen den Verlauf der ISO-Fehlerwerte (siehe Abbildung (5.1)) aller Individuen des Partikelschwarms über die Iterationen eines Testlaufs hinweg, wobei aufeinanderfolgende Testläufe einer Simulationsrunde aneinandergereiht werden. Der Übergang zwischen den einzelnen Fahrmanövern ist durch gestrichelte Linien gekennzeichnet. Ergänzend wurden Grafiken (siehe Abbildung (5.2)) erzeugt, die die Entwicklung der jeweils aktiven Modellparameter über alle Iterationen hinweg abbilden. Hier lässt sich im Übergang die beim Wechsel der Testläufe stattfindende Expansion der Parameterwerte gut erkennen.

Zur besseren Einordnung dieser Verläufe markieren horizontale Linien jeweils den minimalen und maximalen Fehlerwert sowie im Fall der Parameterdarstellung zusätzlich den ermittelten Endwert. Dieser ergibt sich aus dem Mittelwert aller Individuen der letzten Iteration eines jeden Testlaufs und dient als Orientierung für den Konvergenzverlauf.

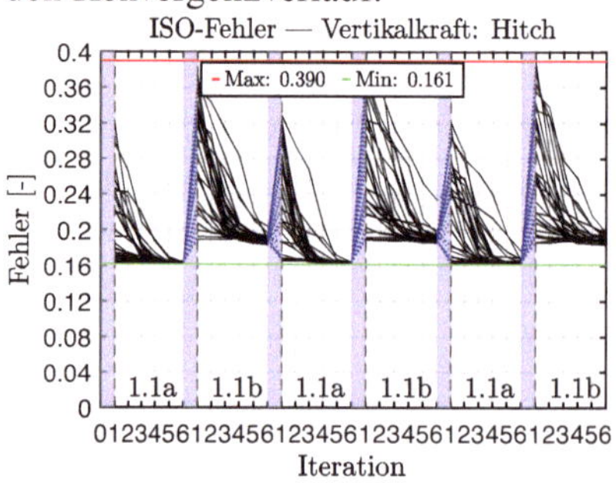

Abb. 5.1: ISO-Fehler: F_z Vertikalkraft

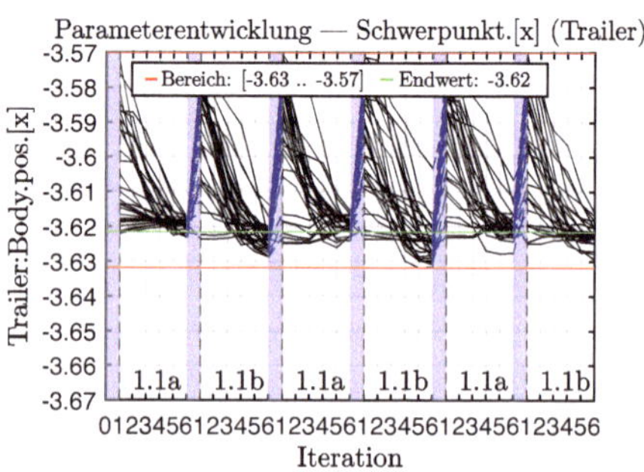

Abb. 5.2: Parameterentwicklung: Tra:Bdy.posX

Erste Testrunden zeigen, dass die Signalqualität einzelner Zeitreihen die Optimierbarkeit durch den Schwarm erheblich beeinflussen kann. Besonders deutlich wird dies bei Signalen mit geringem Signal-Rausch-Verhältnis. So führen z.B. Testfahrten mit weitgehend „eindimensionaler" Fahrdynamik etwa bei Geradeausfahrt zu einer geringen Anregung einzelner Ausgangskomponenten (wie der Querbeschleunigung oder des Knickwinkels). In solchen Fällen überlagern normale Messstörungen durch Straßenunebenheiten oder Wind das eigentliche Signal deutlich. Dadurch entsteht fälschlicherweise der Eindruck großer Unterschiede zwischen den Simulationen, obwohl die realen Unterschiede marginal sind. Die resultierende Fitnessbewertung ist somit verzerrt, was zu ineffizientem oder falschem Suchverhalten des Schwarms führen kann.

Neben dem mittelwertfreien Rauschen der Beschleunigungssignale (bei denen prinzipiell ein träger Tiefpassfilter bereits Abhilfe schaffen kann) ist das Störverhalten des Knickwinkelsensors besonders auffällig. Dieser weist bei Geradeausfahrten eine geringe, aber persistente Abweichung von null auf, verursacht durch eine mechanische Hysterese.

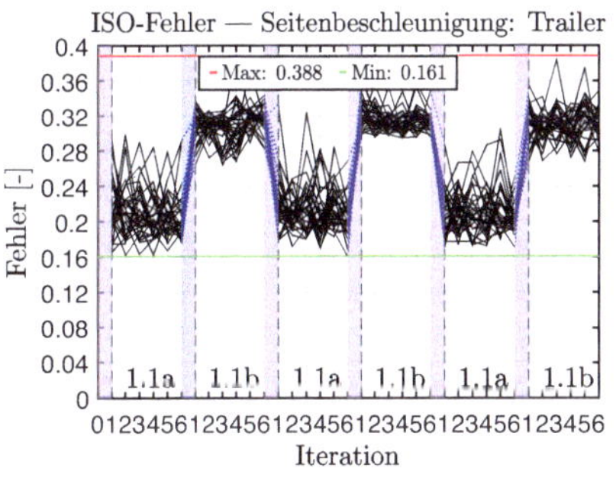

Abb. 5.3: ISO-Fehler: $a_{y,\text{Trailer}}$ Seitenbeschleunigung vor Bereinigung

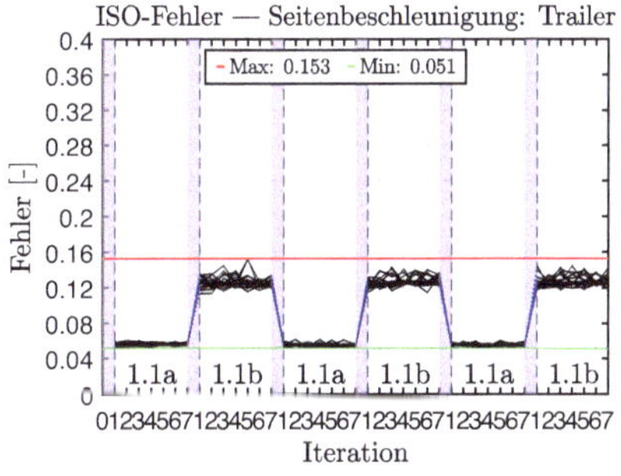

Abb. 5.4: ISO-Fehler: $a_{y,\text{Trailer}}$ Seitenbeschleunigung nach Bereinigung

Um dem entgegenzuwirken, werden für betroffene Zeitreihen aller longitudinalen Testläufe Schwellenwerte definiert. Signalabschnitte, deren Absolutwert unterhalb dieser Schwelle liegt, werden von der Auswertung ausgeschlossen, was den Einfluss von reinem Messrauschen deutlich reduziert.

Zur Veranschaulichung werden Beispiele in Abbildung (5.3) und Abbildung (5.4) gegenübergestellt, die die Fitnessbewertung vor und nach der beschriebenen Signalbereinigung zeigen. Die Wirkung dieser Maßnahme ist klar erkennbar: Das ursprüngliche Fehlerrauschen wird deutlich reduziert, wodurch die Bewertungsfunktion verlässlicher und stabiler arbeitet, eine zentrale Voraussetzung für eine zielgerichtete Schwarmoptimierung.

5.1.2 Vorbereitung: Optimale Balance von Parametern, Individuen und Iterationen

Ein zentrales Ziel der Voruntersuchungen ist es, ein effizientes Verhältnis zwischen der Anzahl gleichzeitig aktiver Modellparameter, der Individuenzahl innerhalb des Schwarms sowie der Anzahl der Iterationen zu bestimmen. Dabei sollen insbesondere Rechenzeit und Speicherbedarf möglichst gering gehalten werden, ohne dabei die Ergebnisqualität der Optimierung wesentlich zu beeinträchtigen.

Die Fachliteratur zeigt Beispiele von wenigen (5-10) bis hin zu hunderten Individuen, mit Abhängigkeit von der Dimension des Parameterraums und der Art des Problems. So setzt [48] 25 Individuen für 3 Dimensionen, [35] 30 Individuen für 2 Dimensionen ein. Ein Mindestmaß von ca. 10 Individuen wird häufig als notwendig angesehen, um die Suchdiversität sicherzustellen. Iterationszahlen bis in die Tausend sind keine Seltenheit, wie [30] oder auch [36] zeigen. Mit größeren Schwärmen ergeben sich so schnell millionenfache Funktionsaufrufe. Oft handelt es sich, wie etwa bei [30], [35] oder [47], um komplexe, hochdimensionale oder multimodale Zielfunktionen. In der Fahrzeugdynamikmodellierung mit physikalisch interpretierten Parametern, die teils starke und eindeutige Auswirkungen auf das Systemverhalten haben, ist ein derart hohes Maß an Diversität nicht in jedem Fall erforderlich.

Um die tatsächliche Konvergenzgeschwindigkeit und den Informationsgewinn pro Iteration im spezifischen Anwendungskontext zu untersuchen, wurde eine systematische Testreihe durchgeführt. Hierbei kommen abwechselnd zwei longitudinale Testfahrten zum Einsatz, die jeweils drei mal wiederholt wurden. In jedem Durchgang wurden die gleichen fünf Modellparameter miteinander optimiert, wobei die Anzahl der Individuen variiert wurde, konkret 5, 10, 15, 20 und 30 Individuen bei jeweils acht Iterationen.

Die Ergebnisse in Abbildung (5.5) zeigten, dass bereits mit fünf bis zehn Individuen ein stabiles und zielgerichtetes Konvergenzverhalten erreicht werden konnte, sofern die betreffenden Parameter einen starken Einfluss auf das Systemverhalten hatten.

Ab einer Schwarmgröße von etwa 15 bis 20 Individuen wurden auch bei zuvor unsicher wirkenden Parametern klare Tendenzen sichtbar. Gleichzeitig nahm die Streuung der Endwerte bei erneuter Simulation desselben Testlaufs deutlich ab, ein Hinweis auf verbesserte Konsistenz der Optimierung. Eine weitere Erhöhung auf 30 Individuen brachte hingegen keine erkennbaren Vorteile, führte aber zu einem erheblich erhöhten Rechen- und Speicheraufwand. Aus diesen Beobachtungen lässt sich ein günstiges Verhältnis ableiten, das etwa 3 bis 4 Individuen pro aktivem Parameter entspricht.

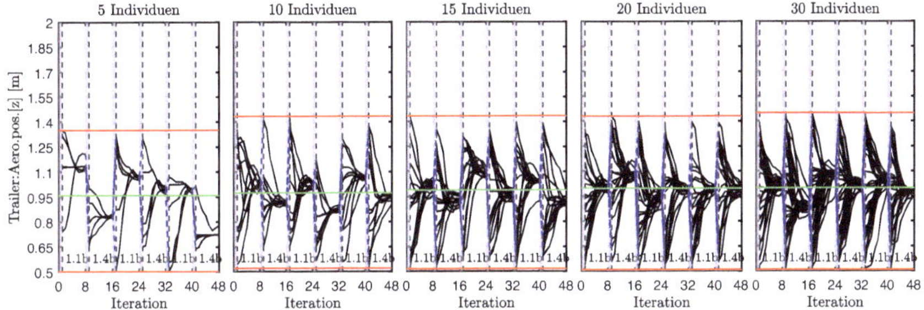

Abb. 5.5: Einfluss der Individuenzahl

Die Zahl der Iterationen wird zu 7-9 festgelegt. Zwar konvergiert der Schwarm teils nach bereits 5 Iterationen, aber insbesondere bei gleichzeitiger Optimierung mehrerer voneinander abhängiger Parameter kann deren gegenseitige Beeinflussung (in Form von „Überschwingern") zu verzögerter Konvergenz führen.

Bemerkenswert ist das insgesamt schnelle Konvergenzverhalten der PSO in diesem Anwendungsfall. Während viele Standardanwendungen von PSO eine deutlich höhere Anzahl an Iterationen benötigen, um sinnvolle Teillösungen zu erreichen, lassen sich bei der hier verwendeten Fahrzeugmodellierung oft bereits nach wenigen Runden klare Verbesserungen erkennen. Dies liegt unter anderem daran, dass die Modellparameter physikalisch interpretiert und relativ gut skaliert sind. Zudem arbeiten die Fehlerfunktionen (z.B. nach ISO 18571) mit kontinuierlichen, nicht stark verrauschten Bewertungsmaßen zumindest nach der vorherigen Bereinigung der Eingabesignale. Dadurch ergibt sich im Suchraum eine vergleichsweise glatte Reaktion auf Parametervariationen, was die Erkundung durch die Schwarmpartikel erheblich erleichtert.

Ein weiterer Grund für die schnelle Konvergenz wurde bereits bei Planung der Fahrmanöver gelegt, bei denen möglichst nur ein Teilbereich der Modelldynamik angesprochen wird. Ergänzend unterstützen die zuvor durchgeführten Sensitivitätsanalysen die Auswahl geeigneter Parameter, indem sie den Einfluss einzelner Modellgrößen auf bestimmte Manöver aufzeigen und damit die Parameterauswahl für jede Optimierung sinnvoll eingrenzen.

5.1.3 Vorbereitung: Konvergenzverhalten

Nach der Untersuchung der Signalqualität und der geeigneten Wahl von Schwarmgröße, Parameteranzahl und Iterationszahl dient dieser Abschnitt der Analyse des Konvergenzverhaltens innerhalb der Optimierung. Ziel ist es, das Schwarmverhalten zu bewerten und insbesondere die Stabilität der angenäherten Endwerte je Testlauf zu untersuchen. Ein besonderes Augenmerk liegt auf der Frage, ob sich bei wiederholten Optimierungen sowohl mit gleichen als auch mit unterschiedlichen Startparametern konsistente Endwerte ergeben.

Hierzu wurde eine Reihe von Vortests durchgeführt, in denen zwei longitudinale Fahrmanöver im Wechsel jeweils dreimal simuliert wurden. Während dieser Tests wurden exemplarisch drei Parameter gemeinsam optimiert: die Lage des Trailer-Schwerpunkts in X-Richtung (Tra:Bdy.posX), der Angriffspunkt des aerodynamischen Kraftvektors in Z-Richtung (Tra:Aer.posZ) sowie die aerodynamische Stirnfläche (Tra:Aer.Ax). Um die Robustheit des Verhaltens gegenüber der Wahl der Startparameter zu analysieren, wurde dieselbe Testreihe mit geänderten Anfangswerten (ergo einem anderen Mittelwert für die angelegte Verteilung) der drei Parameter erneut durchgeführt. Dabei wurde der neue Startwert so gewählt, dass dieser im Vergleich zum vorherigen Startwert auf der anderen Seite des Endwerts liegt, der Schwarm sucht also aus der anderen „Richtung".

Die Parameter Tra:Aer.posZ und Tra:Bdy.posX beeinflussen über das aerodynamische Moment und die Hebelverhältnisse vor allem die resultierende Stützkraft, während Tra:Aer.Ax direkten Einfluss auf den Luftwiderstand und damit auf die Zugkraft hat. Die Auswertung zeigt, dass alle drei Parameter bei beiden Testreihen schnell zu ähnlichen Endwerten konvergieren. Sowohl die Richtung der Anpassung als auch der erreichte Endwert bleiben stabil, selbst bei unterschiedlichen Startbedingungen. Dieses Verhalten deutet auf eine ausgeprägte Stabilität und Verlässlichkeit der Optimierung hin.

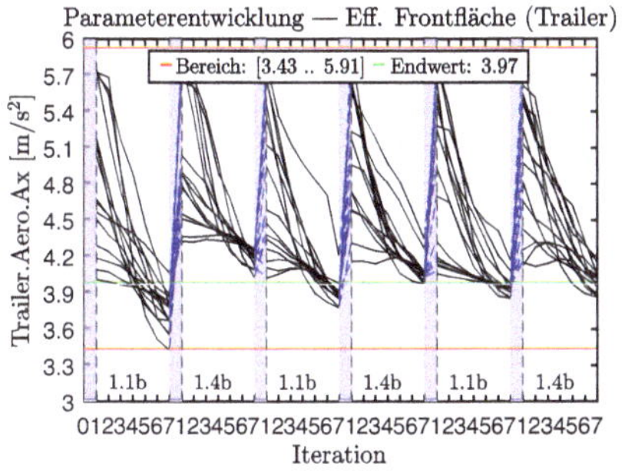

Abb. 5.6: Parameterentwicklung:
Tra:Aer.Ax, Startwert $5{,}5\,\mathrm{m}^2$

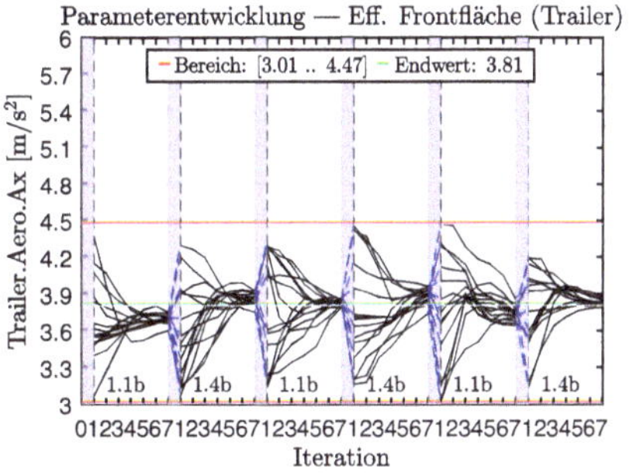

Abb. 5.7: Parameterentwicklung:
Tra:Aer.Ax, Startwert $3{,}5\,\mathrm{m}^2$

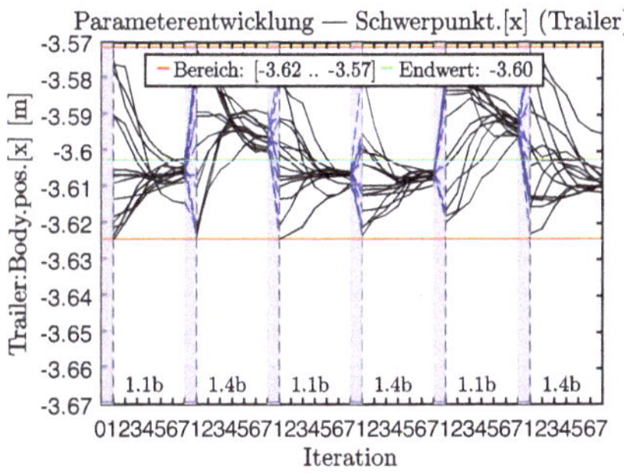

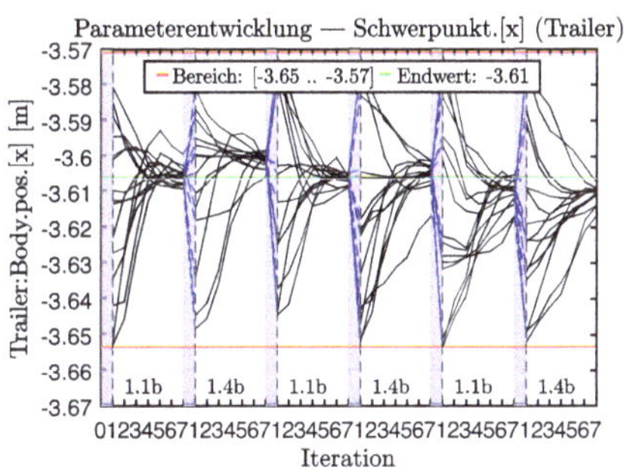

Abb. 5.8: Parameterentwicklung:
Tra:Bdy.posX, Startwert
$-3{,}58\,\mathrm{m}$

Abb. 5.9: Parameterentwicklung:
Tra:Bdy.posX, Startwert
$-3{,}62\,\mathrm{m}$

5.1.4 Begründung des weiteren Vorgehens

Die vorangegangenen Vorbereitungen zur Signalqualität, zur Parametrierung des Partikelschwarmverfahrens sowie zum Konvergenzverhalten der Optimierung liefern wichtige Erkenntnisse für die Ausgestaltung des weiteren Vorgehens.

Insbesondere die durchgeführte Sensitivitätsanalyse hat deutlich gemacht, dass die verschiedenen Modellparameter je nach Testlauf und betrachteter Ausgangsgröße charakteristische Einflussmuster aufweisen. Daraus lässt sich ableiten, dass zumindest eine partielle Unabhängigkeit vieler Parameter gegeben ist, was eine funktionale Trennung in Parametergruppen für spezifische Aspekte des Systemverhaltens erlaubt. Gleichzeitig zeigt die Analyse des Konvergenzverhaltens, dass die Optimierung bei wiederholten Testreihen mit unterschiedlichen Startparametern stabile Endtendenzen aufweist. Der Schwarm konvergiert dabei in konsistenter Weise auf ähnliche Lösungsräume, was ein Indiz dafür ist, dass jeweils tatsächlich globale oder zumindest robuste lokale Optima gefunden werden.

Auf Basis dieser Beobachtungen wird das weitere Optimierungsvorgehen wie folgt strukturiert:

- **Gruppenbildung und Testlaufplanung:** Einteilung der Parameter in Gruppen und Zuweisung zu Testläufen, was unter Berücksichtigung der in Abschnitt (4.2.2) beschriebenen Korrelationsmatrizen geschieht.

- **Sequentielle Durchführung von Teiloptimierungen:** Die einzelnen Gruppen werden nacheinander optimiert, wobei jeweils nur die Parameter einer Gruppe aktiv sind.

- **Rückführung:** Übernahme der optimierten Parameterwerte aus vorhergehenden Teiloptimierungen als neue Startwerte für nachfolgende Runden.

- **Bei Bedarf:** Neukalibrierung einzelner Gruppen, falls sich durch spätere Optimierungsrunden relevante Abhängigkeiten zeigen.

- **Keep it simple:** Die Zahl der Individuen und Iterationen wird bewusst klein gehalten. So wird die Optimierung zum einen ressourcenschonend und vermeidet zum anderen eine Überanpassung der Parameter auf wenige Testläufe.

- **Zusammenfassung:** Den Abschluss des Optimierungsvorgangs bildet dann eine Benchmarkübersicht, die nochmal die Performance aller Optimierungsrunden zusammenfasst.

5.2 Initialisierung

Dieser Abschnitt dient der Übersicht über die durchgeführten Optimierungsrunden. Tabelle 5.1 zeigt zunächst sämtliche im Rahmen der Sensitivitätsanalysen untersuchte Parameter, unabhängig davon, ob sie in einer der Optimierungsrunden aktiv angepasst wurden oder nicht. Als Ausgangspunkt diente eine initiale Parametrierung, die durch Messungen, Herstellerangaben, Recherchen zu vergleichbaren

Fahrzeugen und Komponenten oder, wo erforderlich, durch fundierte Schätzungen bestimmt wurde. Diese Werte sind in der Spalte „Initialwert" aufgeführt.

Tab. 5.1: Optimierungsvorgang: Verwendete Parameter, Start & Endwerte

Aktive Parameter	Initialwert	Endwert	Einheit
Car:Bdy.posX,-Y,-Z	2.515 / 0.02 / 0.48	**2.545 / 0.02 / 0.51**	m
Car:Bdy.IX,-IY,-IZ	650 / 2200 / 2400	**906 / 2620 / 3386**	kg m²
Car:Hit.posX,-Z	-0.15 / 0 / 0.4	-	m
Car:Str.RackRatio	105	**112**	[-]
Car:SuF.Sprng	21000	-	N/m
Car:SuF.DmpPsh	1000	-	N s/m
Car:SuF.DmpPll	2700	-	N s/m
Car:SuF.Stabi	12700	-	N/m
Car:SuR.Sprng	22000	**0.88** × Initialwert	N/m
Car:SuR.DmpPsh	1040	-	N s/m
Car:SuR.DmpPll	2380	-	N s/m
Car:SuR.Stabi	4400	**1.3** × Initialwert	N/m
Car:Whl.LMUX	1.0	-	[-]
Car:Whl.LGAX	1.0	-	[-]
Car:Whl.LMUY	1.0	**0.86**	[-]
Car:Whl.LKY	1.0	**1.08**	[-]
Tra:Bdy.posX,-Y,-Z	-3.58 / 0 / 0.8	**-3.6 / 0 / 0.91**	m
Tra:Bdy.IX,-IY,-IZ	750 / 2400 / 2600	**1184 / 2487 / 2116**	kg·m²
Tra:SuF.Sprng	223000	-	N/m
Tra:SuF.DmpPll	1010	-	N s/m
Tra:SuF.DmpPsh	4040	-	N s/m
Tra:Whl.LonFrc	1.0	-	[-]
Tra:Whl.LatFrc	1.0	**1.145**	[-]
Tra:Whl.AlgnTrq	1.0	-	[-]
Tra:Aer.Ax	5.5	**4.0**	m²
Tra:Aer.posX,-Y,-Z	-1.6 / 0 / 0.7	**-3.91 / 0 / 0.97**	m
Tra:Brk.Ratio	3.5	**5.22**	[-]
Tra:Brk.Fmin	500	**283**	N
Tra:Brk.Delay	0.55	**0.42**	s

Die Spalte „Endwert" zeigt direkt das Ergebnis der durchgeführten Optimierungen an. Für Parameter, die in einer der Runden verändert wurden, ist dort der jeweilige Skalierungsfaktor im Vergleich zum Startwert angegeben. Parameter, die im gesamten Verlauf nicht verändert wurden, sind mit einem - gekennzeichnet.

Der so gegebene, vollständige Überblick über die Entwicklung jedes einzelnen Parameters dient als Orientierungshilfe, um die Relevanz der je Optimierungsrunde aktiven Parameter sowie den Modellfortschritt im Kontext der gesamten Modelloptimierung abschätzen zu können.

Tab. 5.2: Optimierungsvorgang: Übersicht aller Optimierungsrunden

Runde, Manöver	Parametergruppe	Hauptziel	Besonderheiten
G1: 1.1a.1.2b	Tra:Bdy.posX,-Z Tra:Aer.Ax Tra:Aer.posX,-Z	Längsdynamik: Fahrwiderstand, Kupplungskräfte	Grundlage für Längsverhalten; rein passive Kräfte
G2: 1.2a.1.3a	Tra:Brk.Ratio, Tra:Brk.Fmin Tra:Brk.Delay	Auflauf- & Bremsverhalten	Erweiterung Längsverhalten; Einbinden der Auflaufbremse
G3: 2.1a	Car:Str.RackRatio	Lenkverhalten: Gierrate	Basis sanftes Lateralverhalten; nur Lenkung
G4: 2.1a.2.3a	Car:Whl.LMUY Tra:Whl.LatFrc Car:Bdy.posX,-Z Car:SuF.Sprng Car:SuF.Stabi	Laterales Limit: Wank- & Ausbruchverhalten	Erweiterung sanftes Lateralverhalten; Zwei Unterrunden, Reifenparameter mit +Body / +Suspension
G5: 1.1b.3.1c	Car:Bdy.IY,-IZ Tra:Bdy.IY,-IZ	Nick,- Gier,- bewegung & Abklingverhalten	Basis dynamisches Lateralverhalten; Homogene Schwingung
G6: 3.3b.3.4c	Car:Whl.LKY Car:Bdy.IX Tra:Bdy.IX Tra:Aer.posX	Ansprechverhalten & aerodyn. Effekte bei hohen Geschw.	Erweiterung dynam. Lateralverhalten; Finetuning und Transienten

Die Auswahl der aktiv angepassten Parameter variiert je nach Optimierungsrunde und richtet sich nach dem funktionalen Zusammenhang sowie den angestrebten Verbesserungen im Modellverhalten. Tabelle 5.2 gibt hierzu eine strukturierte Übersicht über die eingesetzten Parametergruppen, die zugehörigen Fahrmanöver und die jeweiligen Zielgrößen. Letztere bieten einen kompakten Einblick in die Intention hinter jeder Runde und verweisen auf besondere Schwerpunkte oder Herausforderungen. Eine detaillierte Beschreibung des Vorgehens sowie der erzielten Ergebnisse erfolgt anschließend in den nachfolgenden Unterabschnitten.

5.3 Optimierungen

5.3.1 G1: Longitudinal - statische Kräfte

Tab. 5.3: Rundenübersicht

Ziel	Ziel dieser Runde ist die Abstimmung des longitudinalen (dynamikarmen) Verhaltens, insbesondere den Kupplungskräften bei Geradeausfahrt. Dabei sollen Parameter beeinflusst werden, die auf Fahrwiderstand und Massenbewegung des Trailers wirken.
Genutzte Manöver	(1.1a) (Treppenförmig steigende Geschwindigkeit) (1.2b) (Bremsen aus Konstantfahrt)
Einstellungen	20 Individuen, 7 Iterationen Parameter entsprechend Startkonfiguration
Ergebnisse	Der Restfehler der Kupplungskräfte konnte deutlich reduziert werden. F_x: 0,22→0,16, F_z: 0,34→0,12. Keine Einbußen bei anderen Größen beobachtet.

Aktive Parameter	Initialwert		Endwert	
Tra:Bdy.posX	−3,58	m	−3,60	m
Tra:Bdy.posZ	0,80	m	0,91	m
Tra:Aer.Ax	5,50	m^2	4,00	m^2
Tra:Aer.posX	−1,60	m	−2,76	m
Tra:Aer.posZ	0,70	m	0,97	m

Hintergrund: Ziel dieser Optimierungsrunde ist es, die Fahrwiderstände und die daraus resultierenden Kupplungskräfte zu justieren. Alle relevanten Informationen sind in Tabelle 5.3 zusammengefasst. Bei gleichförmiger Geradeausfahrt werden die Kräfte an der Kupplung maßgeblich durch die Fahrwiderstände des Systems bestimmt. Während die reibungsbedingten Kräfte an den Reifen insbesondere im linearen, rein gewichtskraftabhängigen Bereich herkömmlicher Reifen als gut verstanden gelten, bestehen Unsicherheiten bezüglich des aerodynamischen Widerstands.

Der Luftwiderstand hängt stark von der Aufbaugeometrie des Anhängers sowie der Form des Zugfahrzeugs ab. Für Anhänger mit kastenförmigem Aufbau liegt ein empirisch ermitteltes Kennfeld vor, das Kennlinien für aerodynamisch wirksame Kräfte (Drag, Side und Pitch) sowie Momente (Roll, Pitch, Yaw) enthält. Dieses wirkt im Simulationsmodell über den Punkt `Tra:Aer.posX,-Z` ein und wird durch die Stirnfläche des Aufbaus `Tra:Aer.Ax` skaliert. Da der Trailer vorne stark abgerundet ist und die Aerodynamik des Zugfahrzeugs unbekannt ist, ist es plausibel und gegebenenfalls notwendig, die effektive Stirnfläche im Modell deutlich nach oben oder unten anzupassen, um eine Übereinstimmung mit den Messdaten zu erzielen.

Bei Geradeausfahrt kann der Einfluss der seitlichen Komponente (Side) sowie der aerodynamischen Roll- und Giermomente vernachlässigt werden. Die Stirnfläche hat den größten Einfluss auf die Drag-Kraft (F_x). Die Parameter `Tra:Aer.posX,-Z` beeinflussen die Lage der angreifenden aerodynamischen Kräfte: Über die X-Koordinate die Position der Lift-Kraft, über die Z-Koordinate die effektive Hebellänge der Drag-Kraft. Beide tragen vektoriell zur Entwicklung der geschwindigkeitsabhängigen Stützkraftänderung bei.

Ergänzend beeinflusst `Tra:Bdy.posX` die Stützkraft im Stillstand als statische Komponente, während `Tra:Bdy.posZ` bei plötzlichen Beschleunigungssprüngen, etwa beim Anfahren oder starken Bremsvorgängen wie beim verwendeten Manöver (`1.2b`) die Dynamik der Stützkraft bestimmt. Dieser Zusammenhang wird bei Nickbewegungen des Anhängers sichtbar.

Manöverbeschreibung der verwendeten Szenarien:

- **(1.1a) - Treppenförmige Geschwindigkeitssteigerung:**
  Dieses Manöver eignet sich besonders zur Analyse der unbeschleunigten, geschwindigkeitsabhängigen (statischen) Luftkräfte. Die sprunghaften Geschwindigkeitsänderungen ermöglichen zudem eine präzise Bestimmung der Schwerpunktlage und deren Einfluss auf die vertikale Stützkraft am Anhänger.

- **(1.2b) - Dynamische Beschleunigungs- und Bremsvorgänge:**
  In diesem Testlauf erfolgen drei Beschleunigungen aus dem Stand mit maximaler Antriebsleistung bis ca. 120 km/h. Anschließend wird mit einer Verzögerung von etwa $-4\,\mathrm{m/s^2}$ gebremst. Hier steht vor allem die Veränderung der Stützkraft bei starken, plötzlich auftretenden Längsbeschleunigungen im Fokus.

Fazit   Die Parameter zeigen klare Auswirkungen auf die Kupplungskräfte, für alle anderen Ausgangsgrößen bleiben die Fehler praktisch unverändert. Dies zeigt den selektiven Einfluss der verwendeten Parameter und dient somit auch als Nachweis einer korrekten Entkopplung vom restlichen Systemverhalten.

In 5.10 und 5.11 sind dazu die wichtigsten Ergebnisse dieser Iterationsrunde dargestellt, die ISO-Fehler der Zug- und Stützkraft. Besonders einflussreich war der aerodynamische Widerstand beziehungsweise die dafür relevante effektive Frontfläche `Tra:Aer.Ax`. Die erreichten Endwerte dienen als Startpunkt für die Optimierung der Auflaufbremse in 5.3.2.

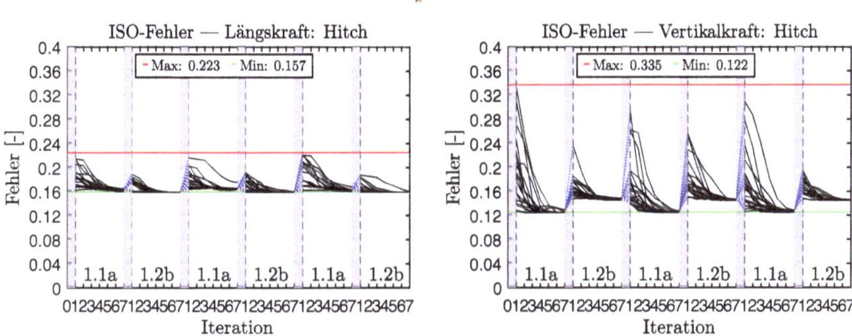

Abb. 5.10: ISO-Fehler: Zugkraft F_x **Abb. 5.11:** ISO-Fehler: Stützkraft F_z

In den Abbildungen 5.12 und 5.13 sind zudem exemplarische Zeitverläufe der Zug- und Stützkraft dargestellt. Grundlage bilden alle im Verlauf der Optimierung erzeugten Individuen, die über sämtliche Runden hinweg nach ihrer Fitness bewertet und anschließend in 10 %-Quantile eingeteilt wurden. Aus jeder Quantilgruppe wurde jeweils ein repräsentatives Individuum ausgewählt und im Diagramm visualisiert. Dies veranschaulicht den Einfluss der hier optimierten Parameter und hilft einen eventuell verbleibenden Restfehler besser zu beurteilen.

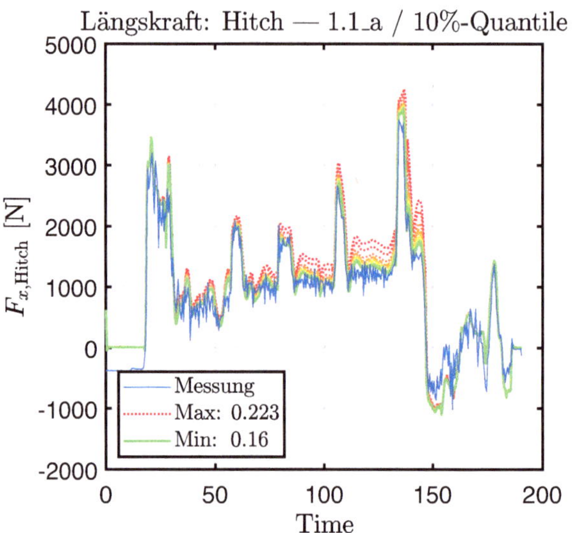

Abb. 5.12: Dynamikvergleich: F_x — Start- & Endkonfiguration

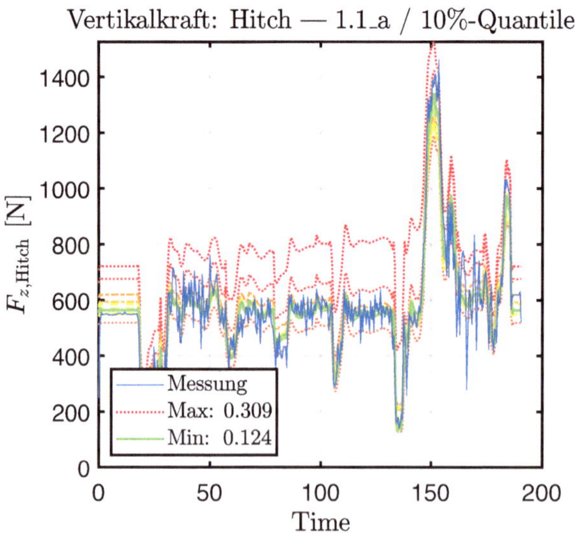

Abb. 5.13: Dynamikvergleich: F_z — Start- & Endkonfiguration

5.3.2 G2: Longitudinal - Bremsverhalten, dynamisch

Tab. 5.4: Rundenübersicht

Ziel	Ziel dieser Runde ist die Abstimmung der Bremscharakteristik des Anhängers und ihre Auswirkungen auf die Zugkraft F_x. Dabei sollen Parameter optimiert werden, welche die Funktion der Auflaufbremse beeinflussen.
Genutzte Manöver	(1.2a) (Bremsen bis Stillstand aus Konstantfahrt) (1.3a) (Treppenförmige Konstantfahrt, mit sägezahnförmigen Übergängen)
Einstellungen	15 Individuen, 7 Iterationen Parameter entsprechend Startkonfiguration + (G1)
Ergebnisse	Für beide Szenarien konnte der Verlauf der Zugkraft F_x beim Auflaufen bei Bremsvorgängen erfolgreich angepasst werden Sowohl Ansprechzeit als auch simulierte Kraftamplitude decken sich mit den Messungen.

Aktive Parameter	Initialwert		Endwert	
Tra:Brk.Ratio	3,50	[-]	5,22	[-]
Tra:Brk.Fmin	500	N	263	N
Tra:Brk.Delay	0,55	s	0,42	s

Hintergrund: Die Auflaufbremse ist maßgeblich an der Dynamik der Längskraft F_x beteiligt.

Während der Fahrt, also im gezogenen Zustand ohne aktives Bremsen verhält sich der Trailer rein passiv: Zugkräfte ergeben sich ausschließlich aus den Bewegungsgleichungen und Fahrwiderständen. Die dafür maßgeblichen Parameter wurden bereits in Abschnitt 5.3.1 erfolgreich optimiert. Die daraus resultierenden Kraftverläufe stimmen sehr gut mit den Messdaten überein und bilden die Grundlage für die nun folgende gezielte Optimierung des Bremsverhaltens.

Im Unterschied zum gezogenen Zustand ist der Trailer während einer Verzögerung in der Lage, aktiv ein eigenes Radmoment aufzubauen. Dies geschieht, indem er infolge der Verzögerung gegen das Zugfahrzeug *aufläuft*. Die dadurch entstehende Relativbewegung aktiviert einen mechanischen Übertragungsweg beispielsweise über einen Seilzugaktuator oder einen hydraulischen Zylinder. Die dort entstehende

Kraft wird über Übersetzungsverhältnisse (z. B. Hebellängen oder Zylinderquerschnitte) verstärkt und auf die Radbremsen des Trailers übertragen.

Die Kraftübertragung weist typischerweise eine kleine zeitliche Verzögerung auf. Diese Verzögerung ist konstruktiv bedingt, kann aber funktional auch von Vorteil sein: Sie ermöglicht ein sanfteres Ansprechen der Bremse (Vermeidung von Ruckeln), erlaubt in bestimmten Fahrsituationen ein kurzzeitiges Abfangen ausschließlich durch das Zugfahrzeug (z. B. bei schnellen Bremsmanövern zum Absenken der Geschwindigkeit) und reduziert mögliche Wechselwirkungen im Gespann.

Daher ist eine korrekte Abstimmung der Auflaufbremse essenziell. Die Bremskraft darf weder zu früh (etwa bereits bei kleinster Auflaufkraft) noch mit falscher Stärke oder Verzögerung eingreifen, insbesondere nicht im dynamischen Fahrbetrieb. In dieser Runde wurden folgende Parameter zur Beschreibung der Auflaufbremse optimiert:

- `Tra:Brk.Ratio` - ist Multiplikator von Auflaufkraft zu Bremsmoment.

- `Tra:Brk.Fmin` - gibt die Kraftschwelle an, ab der die Bremse aktiviert wird.

- `Tra:Brk.Delay` - verzögert Bremskraftentwicklung nach Auflaufbeginn.

Manöverbeschreibung der verwendeten Szenarien:

- **(1.2a) - Bremsen bis Stillstand aus Konstantfahrt:**
  Aus mehreren konstanten Fahrgeschwindigkeiten von ca. 50 – 100 km/h wird gleichmäßig kräftig bis zum Stillstand verzögert. Das Manöver zeigt durch den sehr gleichmäßigen und deutlichen Anhaltevorgang ein sauberes, wiederholbares Kraftprofil. Dies ist insbesondere für die Bewertung der nötigen Bremsmomentverstärkung und der Aktivierungsschwelle wertvoll.

- **(1.3a) - Treppenförmige Konstantfahrt, sägezahnförmige Übergänge:**
  Das Fahrzeug fährt eine Serie aus aufeinanderfolgenden, immer schnelleren Abschnitten konstanter Geschwindigkeit (50 – 100 km/h). Der Übergang zwischen den Geschwindigkeitsniveaus erfolgt nicht abrupt, sondern sägezahnförmig, also durch ein wiederholtes Beschleunigen und etwas geringeres Abbremsen, wodurch der Trailer mehrfach leicht aufläuft. Dieses Verhalten fordert die Auflaufbremse dynamisch heraus und erlaubt eine differenzierte Bewertung der Verzögerung und der Aktivierungsschwelle.

Fazit I - Gewichtungsproblem Der erste Optimierungsversuch der Parameter `Tra:Brk.Fmin`, `Tra:Brk.Ratio` und `Tra:Brk.Delay` verlief zunächst unsystematisch: Die simulierten Zeitverläufe zeigten teilweise Verbesserungen, blieben jedoch insgesamt hinter den Erwartungen zurück. Insbesondere die in dieser Runde im Fokus stehende Zielgröße F_x, zeigte keine konsistente Annäherung an die Messung.

Teilweise wurden während der Optimierung Konfigurationen verworfen, die eine bessere Bewertung der F_x-Kräfte zeigten, da im globalen Mittel über alle Ausgangsgrößen hinweg andere Lösungen als vorteilhafter erschienen. Abbildung (5.14) zeigt chaotisches Suchverhalten für `Tra:Brk.Fmin`. Auch die resultierenden Cluster der finalen PSO-Individuen blieben stark gestreut, dies ist in Abbildung (5.15) dargestellt.

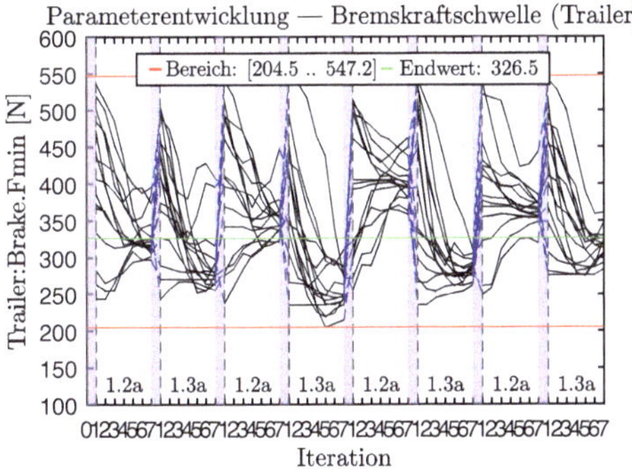

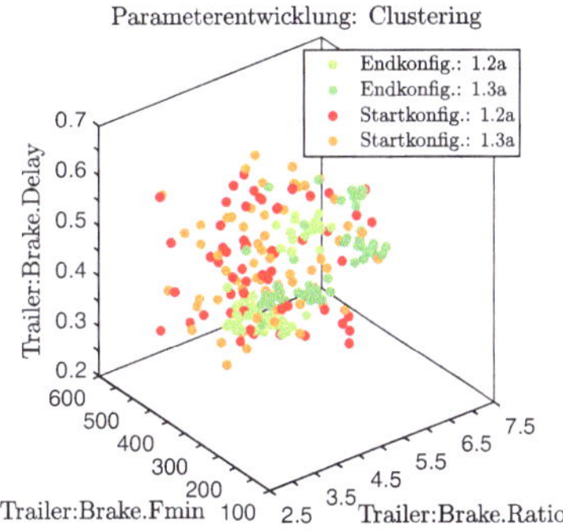

Abb. 5.14: Parameterentwicklung: Tra:Brk.Fmin, initiale Gewichtung

Abb. 5.15: Parametercluster: initiale Gewichtung

Bereits vor der Optimierung wurden, wie in Abschnitt 5.1.1 gezeigt, bei den quer- und rotationsdynamischen (lateralen) Signalen ($a_{y,\text{Car}}$, $\dot\psi_{\text{Car}}$, dr_z, $a_{y,\text{Trailer}}$, $\dot\psi_{\text{Trailer}}$) der longitudinalen Szenarien, alle Phasen unter einem Schwellwert von der Bewertung ausgeschlossen. Dies reduziert den Anteil von Rauschen in der Fitnessbewertung und präzisiert somit den Suchvorgang, da so schwache Parameterauswirkungen besser erkannt werden.

Trotz der Maßnahmen zeigen sich weiterhin ähnliche Störeinflüsse dieser Signale in der Gesamtbewertung. Hintergrund nun ist die automatische Gewichtung der

Simulationsgrößen auf Basis der standardmäßig berechneten Sensitivitätsinformationen. Diese gaben der lateralen Gruppe zusammen etwa 75% Anteil an der Bewertung, während die Längsdynamikgrößen $a_{x,\mathrm{Car}}$ & $a_{x,\mathrm{Trailer}}$ etwa 10% und F_x & F_z nur etwa 15% beitrugen, obwohl die letzten beiden Gruppen im Fokus dieser Optimierung standen.

Die Folge: Die PSO-Optimierung reagierte primär auf für diese Runde irrelevante Effekte. Durch die Dominanz querliegender Fehlergrößen wurde die eigentlich gesuchte Verbesserung der F_x-Verläufe in der Optimierung unterdrückt, die PSO war gewissermaßen „blind" gegenüber der relevanten Dynamik. Verbesserungen der tatsächlichen Bremswirkung wurden nicht oder nur geringfügig bewertet, wohingegen kleine (rauschbedingte) Schwankungen in lateralen Größen das Optimierungsergebnis deutlich beeinflussten.

Fazit II - Prozessoptimierung Diese falsche Gewichtung konnte nur durch eine gezielte Auswertung der einzelnen Fehlerverläufe und deren Relevanz in Bezug auf Manöver und Parameterkombination erkannt werden. Mit diesem Wissen wird im Weiteren der Optimierungsprozess für alle Runden um eine initiale Überprüfung der Sensitivitätsgewichtungen erweitert. Hier zeigten sich nach Neugewichtung der Bewertungsanteile (long: 0,10→0,20, lat: 0,75→0,20, force: 0,15→0,60) und wiederholter Optimierung die folgend dargestellten Ergebnisse.

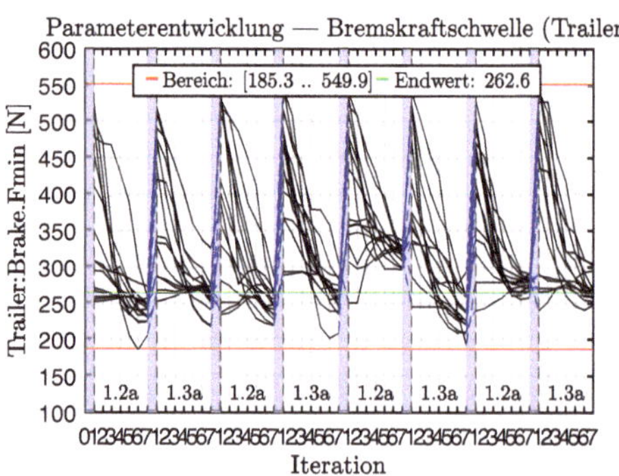

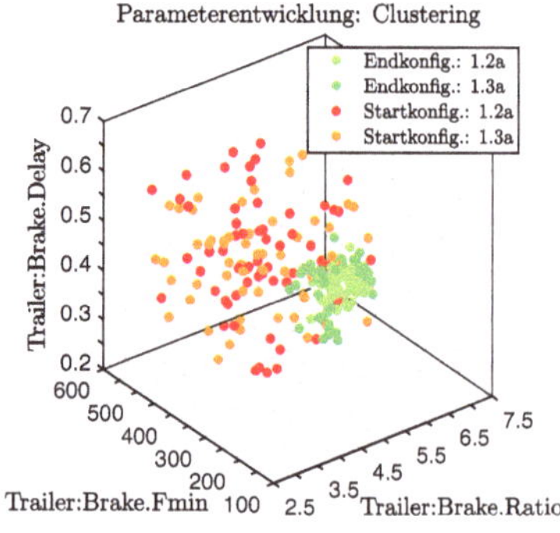

Abb. 5.16: Parameterentwicklung: Tra:Brk.Fmin, korrigierte Gewichtung

Abb. 5.17: Parametercluster: korrigierte Gewichtung

So zeigt Abbildung (5.16) nun ein Suchverhalten mit stets gleichmäßiger Tendenz, der Clusterplot 5.17 bestätigt die nun stattfindende Konvergenz aller drei Parameter. Abbildung (5.18) und Abbildung (5.19) zeigen exemplarisch für beide Testläufe den zeitlichen Verlauf der Zugkraft im Ausgangs- und Endzustand der Optimierung. Deutlich zu erkennen sind die Bereiche, in denen die Parametrierung einen Einfluss auf F_x hatte: zum einen ausgeprägte negative Abschnitte während der Bremsvorgänge, zum anderen markante Impulse beim Beschleunigen, ausgelöst durch Zugkraftunterbrechungen beim Schalten, in denen der Trailer kurzzeitig aufläuft.

Das resultierende Ansprechverhalten der Trailerbremse bestimmt also maßgeblich, wie stark die Verzögerung vom Anhänger selbst und wie stark vom Zugfahrzeug übernommen wird. Mit den in G1 und G2 erarbeiteten Ergebnissen wurde eine belastbare Grundlage für das longitudinale Verhalten des Modells geschaffen. Diese Ergebnisse bilden den Ausgangspunkt für die nachfolgenden lateralen Optimierungen an der Lenkung in G3.

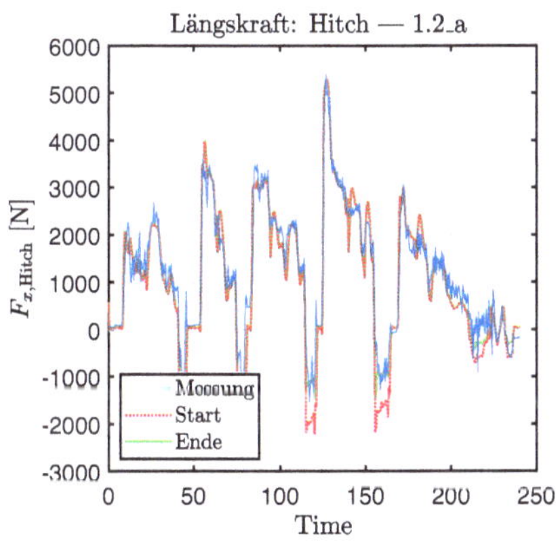

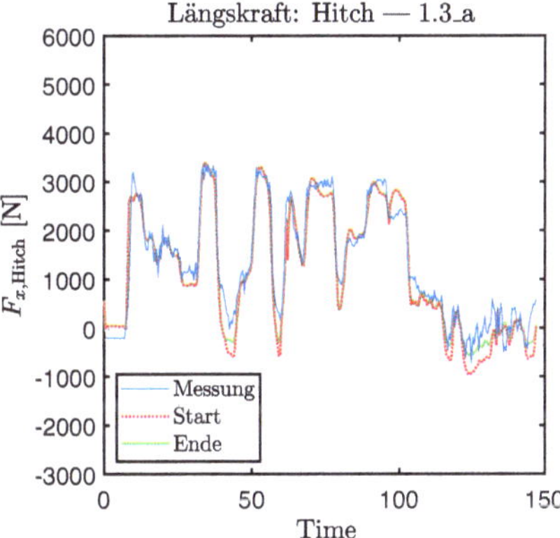

Abb. 5.18: Dynamikvergleich: F_x Start- & Endkonfiguration

Abb. 5.19: Dynamikvergleich: F_x Start- & Endkonfiguration

5.3.3 G3: Lateral - Lenkung, dynamikarm

Tab. 5.5: Rundenübersicht

Ziel	Ziel dieser Runde ist die Abstimmung des lateralen, dynamikarmen Verhaltens bei Kreisfahrten und Kurven. Ausschließlich die Lenkübersetzung wird optimiert, um das Lenkverhalten des Zugfahrzeugs anzugleichen.
Genutzte Manöver	(2.1a) (Kreisfahrt, treppenförmig steigende Geschwindigkeit)
Einstellungen	3 Individuen, 11 Iterationen Startkonfiguration + (G1+G2), Tra:Whl.LatFrc = 1.3
Ergebnisse	Korrekte Lenkübersetzung konnte ermittelt werden.

Aktive Parameter	Initialwert		Endwert	
Car:Str.RackRatio	105	[-]	111,7	[-]

Hintergrund: Nach den grundlegenden Optimierungen der Schwerpunktlage des Trailers, der Fahrwiderstandsparameter sowie der Auflaufbremse dient diese Runde als Ausgangspunkt für alle späteren lateral-dynamischen Szenarien. Im Fokus steht die Lenkübersetzung, da sie die zentrale Verbindung zwischen Fahrerinput und Fahrzeugreaktion darstellt. Die Lenkübersetzung ist maßgeblich für das Gierverhalten des Fahrzeugs und beeinflusst das Fahrzeug damit mehr als jeder andere Parameter.

In dieser Runde wird als Spezialfall ausschließlich ein einzelner Parameter - die Lenkübersetzung - optimiert. Zur gezielten Bewertung wird auf eine reduzierte Ausgangsgrößenmenge zurückgegriffen: Es werden ausschließlich das Gierverhalten des Zugfahrzeugs und des Trailers berücksichtigt.

Um Einflüsse durch Reifenmodelle, Fahrdynamikgrenzen oder aerodynamische Abweichungen zu vermeiden, wird der seitliche Reibwert der Trailerreifen auf einen hohen Festwert von $\mu_y = 1{,}3$ gesetzt. Dies verhindert ein frühzeitiges Ausbrechen und ermöglicht eine isolierte Bewertung des Einflusses der Lenkübersetzung auf das Kurvenverhalten.

Manöverbeschreibung des verwendeten Szenarios:

- **(2.1a) - Kreisfahrt, treppenförmige Geschwindigkeitssteigerung:**
  Bei diesem Manöver wird eine Kreisbahn mit konstantem Radius, bei stufenweise steigender Geschwindigkeit befahren. Die Geschwindigkeit wird dabei in mehreren Schritten von 10 km/h bis etwa 45 km/h erhöht, wodurch Querbeschleunigungen von bis zu 8 m/s² erreicht werden. Der Testfahrer versucht eine möglichst gleichmäßige, dynamikarme Fahrzeugführung ohne abrupte Eingriffe zu ermöglichen.

Fazit Die Lenkübersetzung wurde im Rahmen der Optimierung von 105 auf 111, 7 angepasst. Für die Bewertung dieser Änderung ist insbesondere der Bereich bis etwa 4 m/s² Querbeschleunigung von Bedeutung, da in diesem Bereich verbleibende Modellunsicherheiten, wie etwa in Bezug auf die Reifencharakteristik, aerodynamische Einflüsse oder das Über-/Untersteuerverhalten, nur einen geringen Einfluss auf das Verhalten zeigen.

Die neue Lenkübersetzung führt im geforderten Bereich zu Übereinstimmung zwischen Simulation und Messung und wird daher als neue Ausgangskonfiguration für alle folgenden lateral-dynamischen Optimierungsrunden übernommen. In Abbildung (5.20) ist die Entwicklung der Lenkübersetzung während der Optimierung und in Abbildung (5.21) ein Vergleich der simulierten Gierraten zu Beginn und Ende der Optimierungsrunde gezeigt.

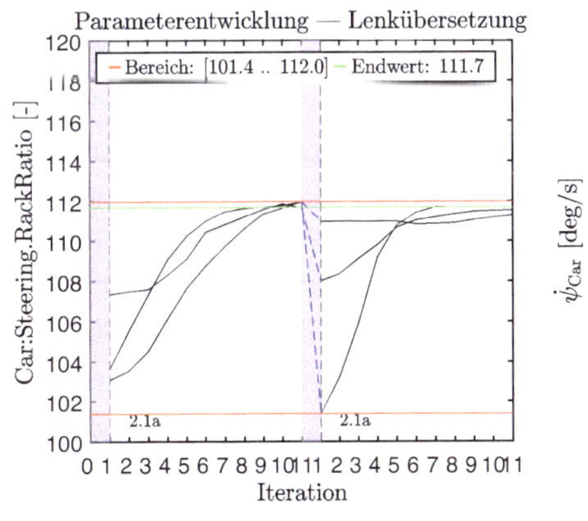

Abb. 5.20: Parameterentwicklung:
Car:Str.RackRatio

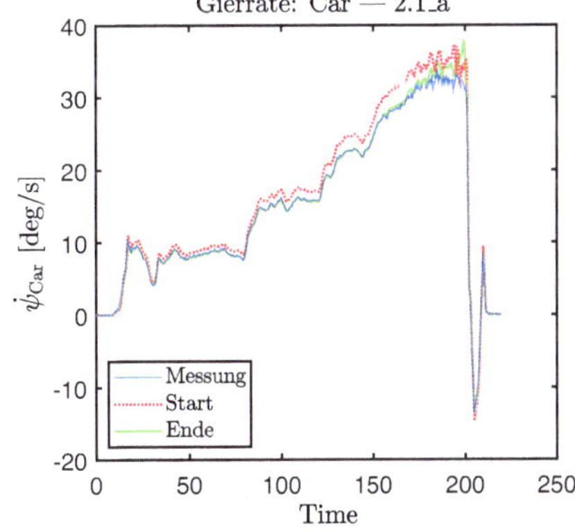

Abb. 5.21: Dynamikvergleich: $\dot{\psi}_{Car}$
Start- & Endkonfiguration

5.3.4 G4: Lateral - Grenzbereich Reifen, dynamikarm

Tab. 5.6: Rundenübersicht

Ziel	Ziel der Abstimmung ist es den lateralen Grenzbereich und das Ausbrechverhalten von Fahrzeug und Trailer zu optimieren. Dabei sollen Parameter untersucht werden, die die Seitenführung direkt (Reifenparameter) und indirekt (Schwerpunktlage und Fahrwerk) beeinflussen.
Genutzte Manöver	(2.1a) (Kreisfahrt, treppenförmig steigende Geschwindigkeit) (2.3a) (Kreisfahrt, sägezahnartig steigender Geschwindigkeitsverlauf mit Konstantfahrt zwischen Zähnen)
Einstellungen	7 Iterationen, 22 Individuen, Parameter entsprechend Startkonfiguration + (G1-G3)
Ergebnisse	Für beide Fahrzeuge konnte das Reifenverhalten im Grenzbereich optimiert werden. Ein Ausbrechen findet nicht mehr statt.

Aktive Parameter	Initialwert		Endwert G4.1		Endwert G4.2	
Car:Whl.LMUY	1,00	[-]	0,87	[-]	0,85	[-]
Tra:Whl.LatFrc	1,00	[-]	1,13	[-]	1,16	[-]
Car:Bdy.posX	2,515	m	2,545	m	n/a	m
Car:Bdy.posZ	0,48	m	0,51	m	n/a	m
Car:SuR.Sprng	1,00	[-]	n/a	[-]	0,88	[-]
Car:SuR.Stabi	1,00	[-]	n/a	[-]	1,3	[-]

Hintergrund: Grund dieser Runde ist die Abstimmung des lateralen Randbereichs der Reifenhaftung, sowohl am Zugfahrzeug (`Car:Whl.LMUY`) als auch am Anhänger (`Tra:Whl.LatFrc`). Diese werden in zwei getrennten Durchläufen jeweils gemeinsam mit einem anderen Parameterblock optimiert: zunächst mit der Schwerpunktlage des Zugfahrzeugs (`Car:Bdy.posX`, `Car:Bdy.posZ`), im zweiten Durchlauf mit Federsteifigkeit und Stabilisator der Hinterachse (`Car:SuR.Sprng`, `Car:SuR.Stabi`).

Als Grundlage dient wie zuvor das Manöver (2.1a) (Kreisfahrt mit treppenförmig ansteigender Geschwindigkeit). Die zeichnet sich durch eine ruhige und gleichmäßige Fahrzeugführung aus; durch die nur langsam steigende Geschwindigkeit bleiben die Fahrzeuge weitgehend im eingeschwungenen Zustand.

Dies ist notwendig für die erfolgreiche Isolierung der betrachteten Parameter, da so Effekte wie starkes Gierverhalten oder dynamische Reifeneffekte vermieden werden. Neben den Reifenparametern selber spielen auch die Lagen der Fahrzeugschwerpunkte eine wichtige Rolle für die Querstabilität. Die in Runde G1 bereits optimierte Schwerpunktlage des Anhängers (`Tra:Bdy.posX`, `Tra:Bdy.posZ`) muss folglich nicht erneut beachtet werden, sodass nun die verbleibenden Einflussgrößen des Zugfahrzeugs im Vordergrund stehen.

Ergänzt wird die Optimierungsrunde um Manöver (`2.3a`). Dabei handelt es sich ebenfalls um eine Kreisfahrt mit konstantem Radius, jedoch mit sägezahnartigem Geschwindigkeitsprofil. Diese wechselnden Beschleunigungsvorgänge provozieren Nickbewegungen und damit verbundene Lastwechsel an der Hinterachse, was eine Optimierung der Hinterachsparameter (`Car:SuR.Sprng`, `Car:SuR.Stabi`) erlaubt.

Manöverbeschreibung der verwendeten Szenarien:

- **(`2.1a`) - Kreisfahrt, treppenförmige Geschwindigkeitssteigerung:**
  Bei diesem Manöver wird eine Kreisbahn mit konstantem Radius bei stufenweise steigender Geschwindigkeit befahren. Die Geschwindigkeit wird dabei in mehreren Schritten von $10\,\mathrm{km/h}$ bis etwa $45\,\mathrm{km/h}$ erhöht, wodurch Querbeschleunigungen von bis zu $8\,\mathrm{m/s^2}$ erreicht werden. Der Testfahrer versucht eine möglichst gleichmäßige, dynamikarme Fahrzeugführung ohne abrupte Eingriffe zu ermöglichen.

- **(`2.3a`) - Dynamische Beschleunigungsvorgänge:**
  Bei diesem Manöver wird eine Kreisbahn mit konstantem Radius befahren, wobei die Geschwindigkeit stoßweise gesteigert wird. Ausgangspunkt ist eine konstante Geschwindigkeit, auf die jeweils eine Beschleunigungsphase um etwa $10\,\mathrm{km/h}$ mit beabsichtigtem Überschwingen (um $+5\,\mathrm{km/h}$) folgt. Nach dem Einpendeln auf dem neuen Niveau beginnt der Zyklus erneut. Dieser Ablauf wird solange wiederholt, bis die maximale Querbeschleunigung beziehungsweise die fahrdynamische Grenze erreicht ist. Die Geschwindigkeit steigt dabei schrittweise bis auf etwa $45\,\mathrm{km/h}$, was Querbeschleunigungen von bis zu $8\,\mathrm{m/s^2}$ entspricht. Durch die wiederholte Beschleunigung und das anschließende Einschwingen ergibt sich ein praxisnahes, aber dennoch ruhiges und kontrolliertes Anregungsprofil zur Untersuchung dynamischer Effekte im Grenzbereich.

Fazit   In beiden Teiloptimierungen wurden für die betrachteten Reifenparameter sehr ähnliche Endwerte erzielt. Abbildung (5.22) und Abbildung (5.23) zeigen Teile der Optimierungsergebnisse in dreidimensionaler Darstellung: Die optimierten Reifenparameter sind jeweils gemeinsam mit Car:Bdy.posX bzw. Car:SuR.Stabi dargestellt. Die grün eingefärbten Punkte markieren die Parameterpaarungen der jeweils letzten Iteration jedes Testlaufs. Das dabei deutlich erkennbare Clustern unterstreicht die Robustheit der gefundenen Lösungen und das Vertrauen in die ermittelten Werte. Für die folgenden Optimierungsschritte wird der Mittelwert aus beiden Teiloptimierungen übernommen. Die zugehörigen Schwerpunkt- und Fahrwerksparameter werden gemäß der Übersichtstabelle übernommen.

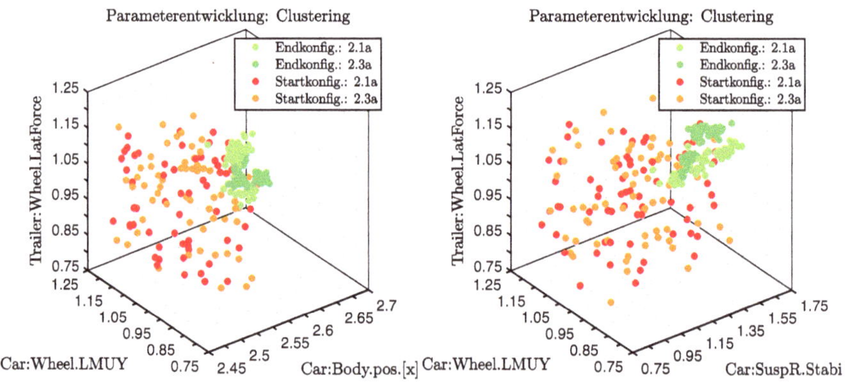

Abb. 5.22: Parametercluster:
    Car:Whl.LMUY,
    Tra:Whl.LatFrc,
    Car:Bdy.posX

Abb. 5.23: Parametercluster:
    Car:Whl.LMUY,
    Tra:Whl.LatFrc,
    Car:SuR.Stabi

In Abbildung (5.24) und Abbildung (5.25) sind die Verläufe der lateralen Beschleunigung des Zugfahrzeugs und des Trailers vor und nach der Optimierung gegenübergestellt. Deutlich erkennbar ist der Effekt der angepassten Reifenparameter: Während der Trailer in der ursprünglichen Parametrierung bereits frühzeitig ausbricht, bleibt er nach der Optimierung länger stabil und folgt der Spur des Zugfahrzeugs.

Gleichzeitig zeigt sich beim Zugfahrzeug eine Veränderung des Kurvenfahrverhaltens: Statt wie zuvor größere Sprünge in der Seitenbeschleunigung durch „zu stabile" Reifen, welche plötzlich die Traktion verlieren, weitet sich der Fahrweg im

Grenzbereich nun, wie auch in den Messdaten beobachtet, schrittweise in Richtung einer größeren Kurvenbahn aus. Dieses beobachtete driftartige Fahrzeugverhalten konnte durch die gezielte Anpassung der Seitenkraftparameter (Car:Whl.LMUY, Tra:Whl.LatFrc) erfolgreich abgebildet werden.

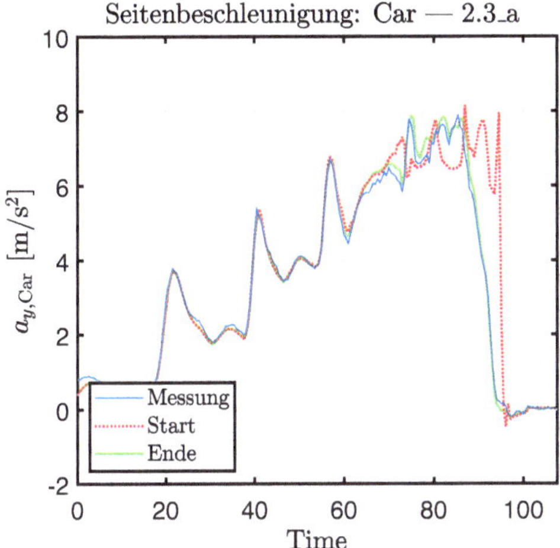

Abb. 5.24: Dynamikvergleich: $a_{y,\text{Car}}$ — Start- & Endkonfiguration

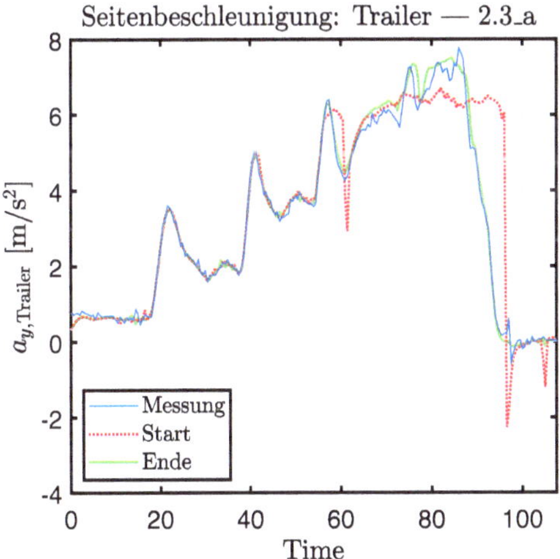

Abb. 5.25: Dynamikvergleich: $a_{y,\text{Trailer}}$ — Start- & Endkonfiguration

5.3.5 G5: Lateral - Rotationsträgheiten, dynamisch

Tab. 5.7: Rundenübersicht

Ziel	In dieser Runde steht die Abstimmung des lateralen Dynamikverhaltens im Fokus, wobei insbesondere das Rotationsverhalten der Fahrzeuge betrachtet wird. Optimiert werden Parameter, welche die Gierträgheit und damit die Reaktion der Fahrzeuge auf Lenkeingaben maßgeblich beeinflussen.
Genutzte Manöver	(1.1b) (Treppenförmig steigende Geschwindigkeit) (3.1c) (Spurwechsel, sanft & kräftig)
Einstellungen	25 Individuen, 7 Iterationen Parameter entsprechend Startkonfiguration + (G1-G4)
Ergebnisse	Für beide Szenarien konnte das laterale Verhalten deutlich verbessert werden. Manöver (3.1c) kann nun verlässlich erfolgreich fertig simuliert werden, es treten keine Abbrüche (Unfälle) mehr auf. dr_z: 0,58→0,08, $\dot{\psi}_{Car}$: 0,47→0,04, $\dot{\psi}_{Trailer}$: 0,52→0,09. Keine Einbußen bei anderen Größen beobachtet.

Aktive Parameter	Initialwert		Endwert	
Car:Bdy.IY	2200	kgm^2	2620	kgm^2
Car:Bdy.IZ	2400	kgm^2	3386	kgm^2
Tra:Bdy.IY	2400	kgm^2	2487	kgm^2
Tra:Bdy.IZ	2600	kgm^2	2116	kgm^2

Hintergrund: Nach der bereits erfolgten Anpassung der Fahrwiderstände, der Auflaufbremse, der Schwerpunktpositionen sowie der oberen Reifengrenzwerte bleiben insbesondere noch die Bestimmung der Fahrzeugträgheiten sowie des Reifenparameters Car:Whl.LKY offen. Die Trägheitsmomente, primär jene um die Gier- und Nickachse, beeinflussen maßgeblich das dynamische Verhalten (wie etwa die Gier- und Nickfrequenz) des Fahrzeugs in Kurven und bei schnellen Richtungswechseln. Der Parameter Car:Whl.LKY beschreibt das Reifen-Seitenkraftverhalten bei kleinen Schräglaufwinkeln und wirkt sich somit auf die Agilität und das Ansprechverhalten in dynamischen Manövern aus.

Sowohl die Trägheitsparameter als auch die genannten Reifencharakteristiken sind für eine realistische Abbildung dynamischer Fahrzustände entscheidend. Um gegenseitige Beeinflussung zu verringern, erscheint eine getrennte Betrachtung dieser Einflussgrößen sinnvoll.

Das schließlich gewählte Vorgehen basiert auf den Ergebnissen der Sensitivitätsanalyse. So werden in dieser Runde ausschließlich die Trägheitsmomente `Car:Bdy.IY`, `Car:Bdy.IZ`, `Tra:Bdy.IY` und `Tra:Bdy.IZ` optimiert. Dazu werden Manöver mit geringer Sensitivität gegenüber `Car:Whl.LKY`, gleichzeitig jedoch starker Reaktion auf Änderungen der Trägheitsparameter gewählt. Da `Car:Whl.LKY` nur im Bereich kleiner Schräglaufwinkel wirkt, reicht es aus, ein Manöver mit hoher Lateraldynamik zu wählen. Hier dominieren die Gierträgheiten und Fahrzeugmassen in großen homogenen Schwingungen.

Zum Einsatz kommen zwei Manöver: Zum einen die Geradeausfahrt mit stufenweise ansteigender Geschwindigkeit zwischen 100 km/h und 120 km/h (1.1b). Dieses regt insbesondere Nickbewegungen an und liefert damit Informationen zu den Nickträgheiten `Car:Bdy.IY` und `Tra:Bdy.IY`. Ergänzt wird die Simulation durch das Manöver (3.1c), bei dem vier kräftige Spurwechsel ausgeführt werden, ebenfalls bei etwa 110 km/h. Dabei wird eine gekoppelte Gier-Nick-Reaktion provoziert, welche die zu optimierenden Parameter anregt.

Manöverbeschreibung der verwendeten Szenarien:

- **(1.1b) - Treppenförmige Geschwindigkeitssteigerung:**
  Bei diesem Manöver handelt es sich um eine Geradeausfahrt mit stufenweise steigender Geschwindigkeit. Die Geschwindigkeit wird in mehreren Schritten von etwa 100 km/h bis 120 km/h erhöht. Das Manöver eignet sich (wie auch (1.1a)) dazu aerodynamische Effekte im eingeschwungenen Zustand zu analysieren. Während der Beschleunigungsabschnitte und des Abbremsvorgangs am Ende des Manövers werden jedoch auch Nickbewegungen angeregt, welche unter anderem Rückschlüsse auf die Trägheiten um die Fahrzeugquerachsen zulassen.

- **(3.1c) - Spurwechsel, kräftig**
  Dieses Manöver beinhaltet vier doppelte Spurwechsel auf gerader Strecke, welche der Fahrer mit schnellen und kräftigeren Lenkeingaben auslöst. Die Fahrgeschwindigkeit beträgt dabei konstant etwa 110 km/h. Bei normalen Spurwechseln wird vorrangig die Gierträgheit angesprochen, hier jedoch wird aufgrund der hohen Geschwindigkeit und schnellen Lenkeingabe zusätzlich eine gekoppel-

te Gier-Nick-Reaktion provoziert. Damit eignet sich das Manöver besonders zur Parametrierung der Trägheitsmomente um die Quer-, und Hochachse. Auch ist hier die Amplitude der Seitenbeschleunigung so groß, dass Effekte durch `Car:Whl.LKY` weniger Auswirkungen haben.

Fazit Die Ergebnisse der vierten Optimierungsrunde zeigen eine erfolgreiche Parametrierung der Fahrzeug- und Anhängerträgheiten. In Abbildung (5.26) ist die Verteilung der Individuen der Start- und Endkonfiguration für `Tra:Bdy.IZ`, `Tra:Bdy.IY` und `Car:Bdy.IZ` dargestellt. Für eine bessere Übersichtlichkeit wird `Car:Bdy.IY` nicht abgebildet, es sei jedoch darauf hingewiesen, dass auch dieser Parameter ein ähnlich gutes Konvergenzverhalten aufweist. Insgesamt war zu beobachten, dass der Trägheitstensor des Trailers initial zu hoch und der des Zugfahrzeugs etwas zu niedrig angesetzt waren.

Besonders bemerkenswert ist die durch die Optimierung erreichte Korrektur des Verhältnisses von `Tra:Bdy.IY` und `Tra:Bdy.IZ`: Zu Beginn lag `Tra:Bdy.IY` noch unterhalb von `Tra:Bdy.IZ`, was für den vorliegenden Trailer bei genauer Betrachtung physikalisch nicht zu erwarten ist. Im Verlauf der Optimierung konnte dieses Verhältnis jedoch korrigiert werden, sodass `Tra:Bdy.IY` nun größer als `Tra:Bdy.IZ` ist - ein technisch plausibler Wert, da der Caravan aufgrund seiner Geometrie (höher als breit) eine höhere Nick- als Gierträgheit aufweisen sollte. Beim Zugfahrzeug zeigt sich, wie erwartet, das „klassische" Verhältnis (`Car:Bdy.IZ > Car:Bdy.IY`).

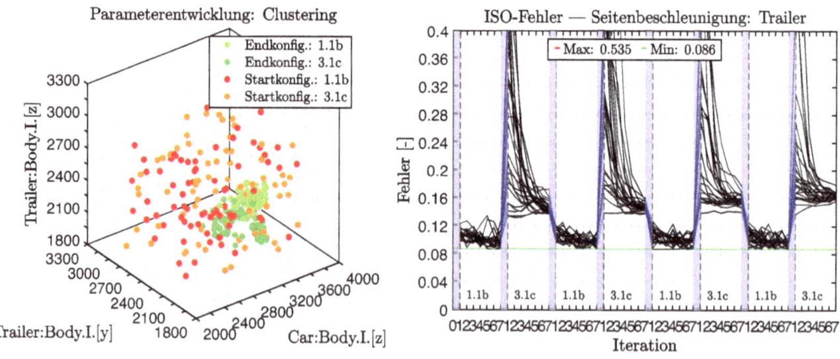

Abb. 5.26: Param.cluster: Tra:Bdy.IY, -Z, Car:Bdy.IZ

Abb. 5.27: ISO-Fehler: Seitenbeschleunigung $a_{y,\text{Trailer}}$

Die Entwicklung der ISO-Fehler für die Seitenbeschleunigung des Trailers ist in Abbildung (5.27) dargestellt. Zu Beginn der Testläufe war der Fehler meist sehr hoch, konnte jedoch stets in wenigen Iterationen deutlich reduziert werden. Einige Simulationen brachen vorzeitig ab, erkennbar an sehr hohen Fehlerwerten, da sie aufgrund unrealistischer Trägheiten instabil wurden und das Spurwechselmanöver nicht vollständig absolvieren konnten. Dies unterstreicht die zentrale Bedeutung korrekter Trägheitswerte für die Stabilität dynamischer Fahrmanöver.

Ein tiefergehender Vergleich zwischen Simulation und Messung ist in den Abbildung (5.29) und Abbildung (5.28) zu sehen. In Abbildung (5.29) sind die Zeitverläufe der Seitenbeschleunigung des Trailers für das beste und schlechteste Individuum sowie die Messung dargestellt. Während die Messung durch vier deutlich voneinander getrennte, abklingende Schwingungen (je ein Spurwechsel) mit Maxima bis etwa $7{,}5\,\mathrm{m/s^2}$ geprägt ist, zeigt das schlechteste Individuum übertriebene, nicht abklingende Schwingungen bis zu $10\,\mathrm{m/s^2}$. Das beste Individuum hingegen verläuft nahezu deckungsgleich mit der Messung.

Sogar der Zeitverlauf der Längsbeschleunigung des Zugfahrzeugs ($a_{x,\mathrm{Car}}$) in Abbildung (5.28) zeigt bei fehlerhafter Parametrierung unerwünschte Schwingungen (um $\pm 1\,\mathrm{m/s^2}$), die aus der Querbewegung in die x-Richtung übersprechen und mit dem Spurwechsel korrelieren. Das am besten angepasste Individuum folgt dem Messsignal hingegen sehr genau, was den Erfolg der Parametrierung zusätzlich bestätigt.

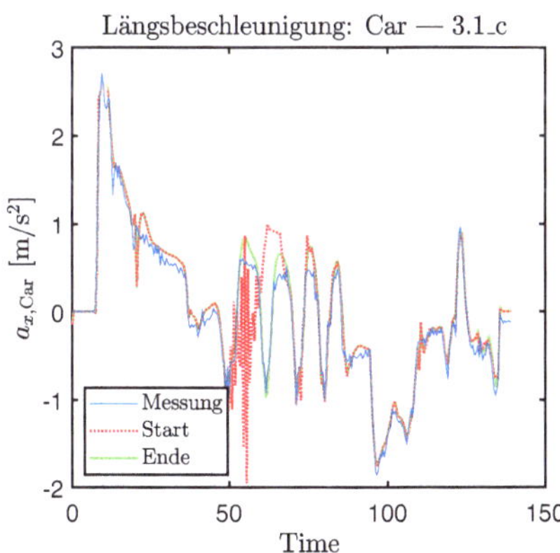

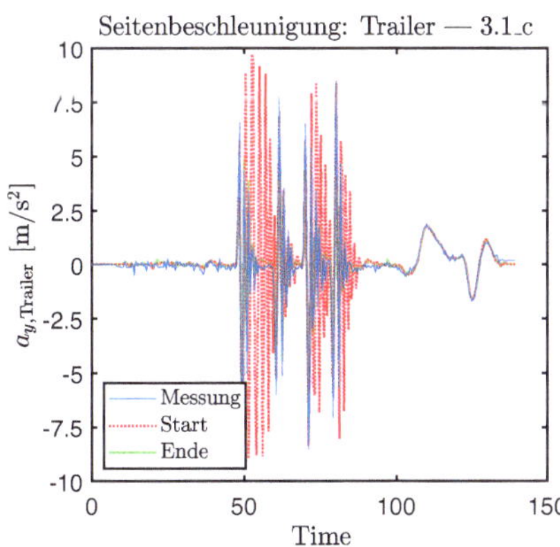

Abb. 5.28: Dynamikvergl.: $a_{x,\mathrm{Car}}$ Start- & Endkonfiguration

Abb. 5.29: Dynamikvergl.: $a_{y,\mathrm{Trailer}}$ Start- & Endkonfiguration

5.3.6 G6: Lateral - Ansprechverhalten, dynamisch

Tab. 5.8: Rundenübersicht

Ziel	Die Optimierung baut physikalisch auf den in Runde G4 ermittelten Reifen-Grenzbereichsparametern und den in G5 bestimmten Trägheitswerten um die Hoch- und Querachse auf. In dieser Runde soll nun das laterale Ansprechverhalten der Fahrzeugkombination im dynamischen Fahrbereich optimiert werden. Optimiert werden Parameter, welche die Agilität und Stabilität des Gespanns bei schnellen Lenkimpulsen bei hoher Geschwindigkeit steuern.
Genutzte Manöver	(3.3b) (Pendelanregung, schnelle Sinus-Lenkwinkel) (3.4c) (Schlangenlinie, langsame Sinus-Lenkwinkel)
Einstellungen	25 Individuen, 7 Iterationen Parameter entsprechend Startkonfiguration + (G1-G5)
Ergebnisse	Für beide Szenarien konnte das dynamische Verhalten deutlich verbessert werden. Die Amplituden von Gierrate und Seitenbeschleunigung in der Simulation sind nun fast deckungsgleich zu den Messungen. Durch ein verbessertes Dynamikverhalten tritt ein Übersprechen der Oszillation auf die Stützkraft während des Pendelvorgangs nicht mehr auf. Keine Einbußen bei anderen Größen beobachtet.

Aktive Parameter	Initialwert		Endwert	
Car:Whl.LKY	1,00	[-]	1,08	[-]
Car:Bdy.IX	650	kgm^2	906	kgm^2
Tra:Bdy.IX	750	kgm^2	1184	kgm^2
Tra:Aer.posX	−2,76	m	−3,91	m

Hintergrund: In der vorangegangenen Runde (G5) wurden mit der erfolgreichen Bestimmung der dominanten Trägheitsparameter (also Gier- und Nickträgheiten) die grundlegenden Schwingungseigenschaften des Systems festgelegt. Diese Hauptträgheiten bestimmen zunächst grundlegend Frequenz und Amplitude einer angeregten Schwingung und bilden damit die Voraussetzung für eine gezielte Abstimmung des fahrdynamischen Ansprechverhaltens. Die Rollträgheiten (.IX) haben im Vergleich eine kleinere Wirkung, beeinflussen aber das dynamische Verhalten insbesondere beim Wanken in Kurveneinfahrten oder Spurwechseln. Sie sind also notwendig zur Feinabstimmung transienter Vorgänge. Der Reifenparameter `Car:Whl.LKY` beeinflusst den Seitenkraftaufbau bei kleinen Schräglaufwinkeln und wirkt sich somit auf die Agilität und das Ansprechverhalten zu Beginn von dynamischen Manövern aus.

In dieser Runde steht daher die Optimierung von `Car:Bdy.IX`, `Tra:Bdy.IX`, sowie `Car:Whl.LKY` im Fokus. Ergänzend wird `Tra:Aer.posX` erneut zur Optimierung herangezogen, da sich im Rahmen der hochdynamischen Manöver eine verstärkte Seitenwindanfälligkeit zeigt. Durch die Verschiebung der X-Position des aerodynamischen Kraftangriffspunkts kann das auf den Trailer wirkende Moment gezielt korrigiert werden.

Die gewählte Kombination aus einem schnellen Pendelmanöver (`3.3b`) und einer langsamen Schlangenlinie (`3.4c`) erzeugt ein differenziertes, aber in der Lateralamplitude begrenztes Anregungsspektrum. Dadurch bleibt der Einfluss von `Car:Whl.LKY` in beiden Fällen erhalten. Während das schnelle Manöver besonders zur Anregung der beiden Rollträgheiten `Car:Bdy.IX` und `Tra:Bdy.IX` beiträgt, erlaubt das langsamere eine gezieltere Optimierung des aerodynamischen Angriffspunkts `Tra:Aer.posX`. Da beide Manöver bei hohen Geschwindigkeiten gefahren werden, sind aerodynamische Effekte in der resultierenden Fahrzeugreaktion deutlich ausgeprägt.

Ziel der Runde ist es somit, die Amplituden und Phasenlagen der Simulation an die Messdaten anzugleichen und übermäßige Schwingungen oder unrealistische Dynamikverläufe, insbesondere zu starkes oder zu träges Ansprechen, zu vermeiden. Dies ist elementar für realitätsnahe Simulationen, da die anfängliche Bewegungsdynamik die Grundlage für alle nachfolgenden Fahrzustände bildet.

Manöverbeschreibung der verwendeten Szenarien:

- **(3.3b) Pendelanregung (schnelle Sinus-Lenkbewegung):**
  Dieses Manöver dient der gezielten Anregung der Pendelbewegung des Anhängers. Dazu wird eine schnelle, sinusförmige Lenkbewegung mit einer Frequenz von etwa 0,55 Hz bei einer konstanten Geschwindigkeit von 120 km/h bis 130 km/h gefahren. Die dabei erzeugte Seitenbeschleunigungsamplitude liegt bei etwa 2,5 m/s^2. Durch das gezielte Einleiten dieser hochfrequenten, dyna-

mischen Bewegung lassen sich insbesondere Parameter beeinflussen, die das Gier- und Wankverhalten beider Fahrzeuge betreffen, wie etwa `Tra:Bdy.IX` und `Car:Whl.LKY`.

- **(3.4c) Schlangenlinie (langsame Sinus-Lenkbewegung):**
  Bei diesem Manöver wird eine Schlangenlinie mit langsamer, sinusförmiger Lenkbewegung und einer Frequenz von etwa $0{,}28\,\mathrm{Hz}$ gefahren. Die Fahrgeschwindigkeit liegt konstant bei etwa $130\,\mathrm{km/h}$. Die daraus resultierende Querbeschleunigungsamplitude beträgt rund $4{,}5\,\mathrm{m/s^2}$. Ziel ist es, das Zusammenspiel von Lenkansprechen, Wankverhalten und Fahrzeugstabilität zu untersuchen. Das Manöver eignet sich ebenfalls wie (3.3b) für die beschriebenen Aufgaben. Durch die langsamere Lenkfrequenz und gleichzeitig höhere Seitenbeschleunigung spricht es einen anderen Dynamikbereich an und eignet sich damit ähnlich wie eine zweite Stützstelle zur breiteren Abstimmung vom Modellverhalten.

Fazit Die Fehler bei der Gierrate und Seitenbeschleunigung des Fahrzeugs konnten leicht, jene des Trailers hingegen deutlich reduziert werden. In der Ausgangskonfiguration zeigten sich zu geringe Amplituden der Schwingungen sowie ein zu langsames Abklingen nach dem Ende der Manöver. Nach der Optimierung stimmen sowohl Amplituden als auch das Abklingverhalten sehr gut mit den Messdaten überein. Die angepassten Rollträgheiten `Car:Bdy.IX` und `Tra:Bdy.IX` sowie das straffere Ansprechverhalten der Reifen durch `Car:Whl.LKY` ermöglichen es den Fahrzeugen nun, die Lenkmanöver dynamisch „voll auszufahren" und führen anschließend zu einem schnelleren Abbau überschüssiger Energie.

In Abbildung (5.30) und Abbildung (5.31) sind exemplarisch die Zeitverläufe der Querbeschleunigung des Zugfahrzeugs und des Anhängers für das Manöver (3.4c) dargestellt. Die Unterschiede zwischen Start- und Endkonfiguration verdeutlichen den Effekt der Optimierung.

Während des Schwingungsvorgangs zeigte sich bei beiden Manövern in der Startkonfiguration zudem eine starke Schwingung und ein negatives Offset in der Vertikalkraft an der Kupplung. Dieser Effekt trat nach der Optimierung nicht mehr auf. Die nun weiter hinten liegende Position des aerodynamischen Angriffspunkts am Trailer (`Tra:Aer.posX` $= -3{,}91\,\mathrm{m}$) reduziert das Offset maßgeblich. Zusätzlich erlaubt das höhere `Car:Whl.LKY` eine bessere Querkräfteaufnahme, was zur Folge hat, dass die entstehende Schwingung am Trailer besser abgeleitet wird und keine instabile Oszillation mehr auftritt. Abbildung (5.32) zeigt hierzu die Zeitverläufe der Stützkraft vor und nach der Optimierung.

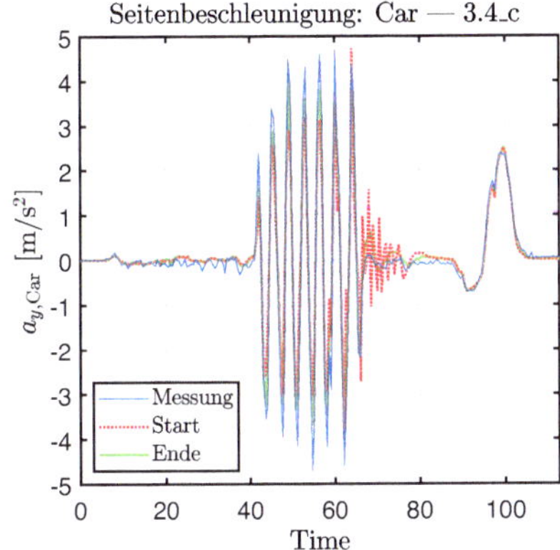

Abb. 5.30: Dynamikvergl.: $a_{y,\text{Car}}$ Start- & Endkonfiguration

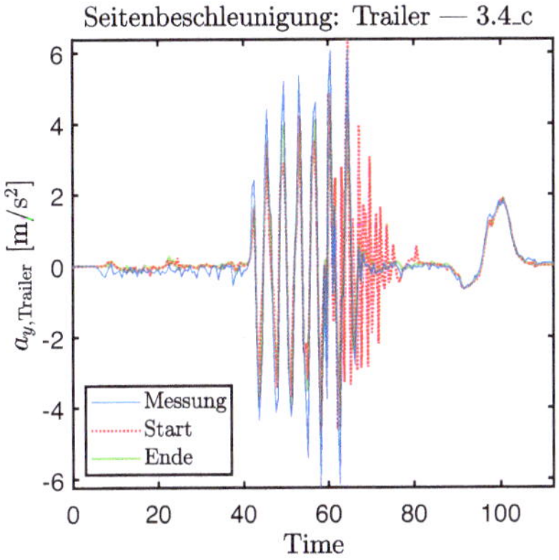

Abb. 5.31: Dynamikvergl.: $a_{y,\text{Trailer}}$ Start- & Endkonfiguration

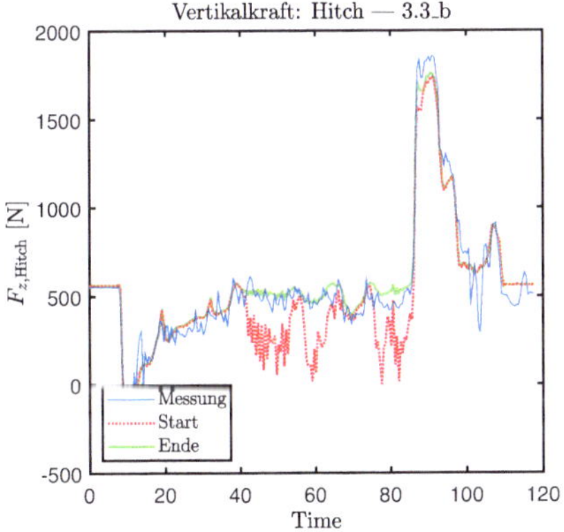

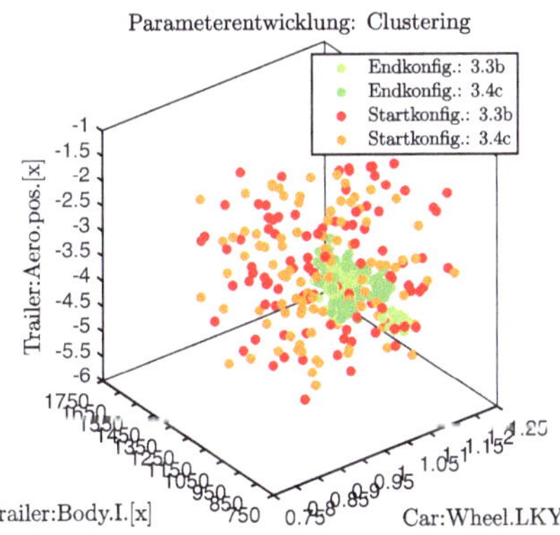

Abb. 5.32: Dynamikvergleich: F_z Start- & Endkonfiguration

Abb. 5.33: Parametercluster: Car:Whl.LKY, Tra:Bdy.IX, Tra:Aer.posX

Abschließend ist in Abbildung (5.33) ein Clustering der Endkonfigurationen von Tra:Aer.posX, Tra:Bdy.IX und Car:Whl.LKY dargestellt. Die enge Bündelung der Parameterwerte unterstreicht die Robustheit und Zuverlässigkeit der gefundenen Optimierungsergebnisse.

5.4 Benchmark & Modellvalidität

Ziel dieses Abschnitts ist es, die im Rahmen der Optimierung entwickelten Modellparameter einer abschließenden Überprüfung zu unterziehen. Der Benchmark dient dabei sowohl der Bewertung der Optimierungsergebnisse als auch der Validierung des Gesamtmodells im Hinblick auf dessen praktische Verwendbarkeit.

Hierzu wurde ein separater Satz an Testmanövern ausgewählt, der bewusst nicht Bestandteil der Optimierungsrunden war. Diese Trennung zwischen Trainings- und Testdaten stellt sicher, dass die erreichte Modellqualität nicht auf Überanpassung beruht, sondern generalisierbar ist. Damit wird eine methodisch saubere Grundlage geschaffen, um die Aussagekraft der Optimierung im realitätsnahen Anwendungskontext zu bewerten.

Bereits zu Beginn dieser Arbeit wurde das Ziel formuliert, ein *funktional valides* Modell der Fahrzeug-Trailer-Kombination zu entwickeln. Die funktionale Validität beschreibt hierbei die Fähigkeit eines Modells, innerhalb seines Einsatzkontextes (z. B. in virtuellen Fahrversuchen oder simulationsgestützten Auslegungsprozessen) verlässlich und robust einsetzbar zu sein. Ein Modell gilt dann als funktional valide, wenn der verbleibende Modellfehler kleiner ist als die Streuung, die durch realitätsnahe Variabilität (etwa Fahrer- oder Beladungsunterschiede) zu erwarten ist. Dies wird als ausreichend angesehen, um ein sinnvolles Verhältnis zwischen Modellgenauigkeit und -komplexität zu gewährleisten.

Das Vorgehen in diesem Kapitel gliedert sich in drei Abschnitte:

- **Abschnitt 5.4.1** stellt die verwendeten Benchmarkmanöver vor. Neben einem Überblick über Ziel und Aufbau der einzelnen Testläufe werden ausgewählte Zeitverläufe dargestellt, um qualitative Verbesserungen durch die Modelloptimierung zu veranschaulichen.

- **Abschnitt 5.4.2** analysiert die Modellgüte systematisch auf Basis der ISO 18571. Hierzu werden die bewerteten Zielgrößen zunächst zu physikalisch sinnvollen Clustern zusammengefasst, um anschließend eine differenzierte Bewertung der Modellgüte zu ermöglichen.

- **Abschnitt 5.4.3 & Abschnitt 5.4.4** fassen die zentralen Erkenntnisse zusammen und bewerten die Validität des Modells auf Grundlage der Benchmark-Ergebnisse. Zudem wird ein Ausblick auf das folgende Kapitel gegeben, in dem die gesamte Methode reflektiert wird.

5.4.1 Überblick über die Benchmarkmanöver

Für den Benchmark wurden mehrere Referenzmanöver ausgewählt, die unterschiedliche fahrdynamische Aspekte anregen. Die Auswahl umfasst sowohl longitudinale als auch laterale sowie kombinierte Szenarien mit variierender Intensität. Nachfolgend werden die einzelnen Benchmarkmanöver kurz beschrieben und die zugehörigen Zeitverläufe exemplarisch dargestellt.

1. Manöver: (1.1c) - Geradeausfahrt mit treppenförmiger Geschwindigkeit

Das Manöver besteht aus einer reinen Geradeausfahrt mit konstanten Geschwindigkeitsstufen (jeweils 5 km/h Schrittweite), bei 100 – 120 km/h und Abbremsen bis auf Stillstand.

Aufgrund der geringen lateralen Anregung sind die meisten dynamischen Größen vor und nach der Optimierung nahezu identisch. Auffällig hier sind hingegen die Längs- und Vertikalkräfte an der Kupplung. Die ursprüngliche Simulation überschätzte die Längskraft deutlich; die resultierende Anpassung führte zu realistischeren Zug-/Bremskräften. Ähnlich zeigte sich die Vertikalkraft durch falsche Annahmen zur Lage des Trailer-Schwerpunkts und aerodynamischen Einflüssen signifikant überhöht. Diese Größen wurden im optimierten Modell deutlich verbessert und sind exemplarisch in Abbildung (5.34) und Abbildung (5.35) dargestellt.

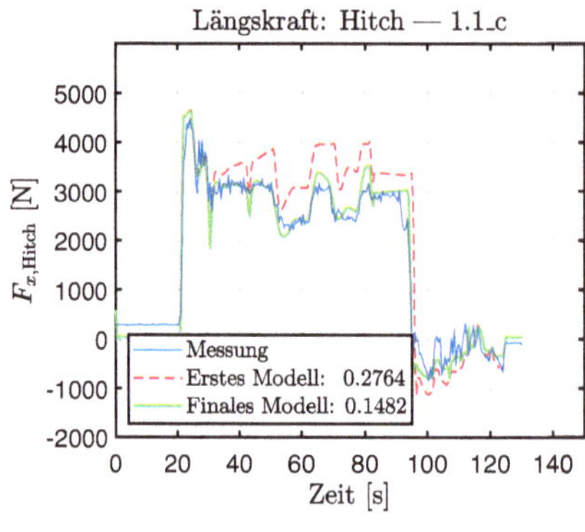

Abb. 5.34: Dynamikvergleich: F_x
Erstes & Finales Modell

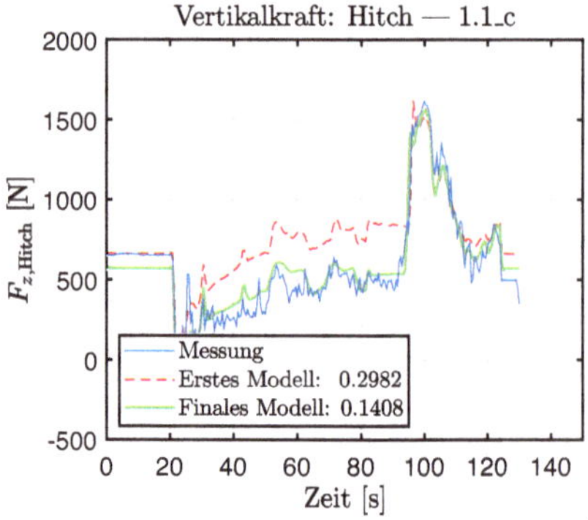

Abb. 5.35: Dynamikvergleich: F_z
Erstes & Finales Modell

2. Manöver: (3.2b) - Lange Halbkreisbögen bei konstanter Geschwindigkeit

Das zweite Manöver besteht aus zwei Abschnitten konstanter Geschwindigkeit mit 70 und 80 km/h, kombiniert mit rechteckförmigen Lenkwinkelsprüngen (ca. ±45°).

Die entstehende Fahrzeugbahn ähnelt langgezogenen Kreisbögen mit konstantem Radius. Trotz aktiver Lenkvorgänge verhält sich das Manöver (aufgrund der geringen Lateraldynamik) bei den Sensitivitätsanalysen wie ein longitudinales Manöver und wird im Rahmen der Auswertungen als solches behandelt.

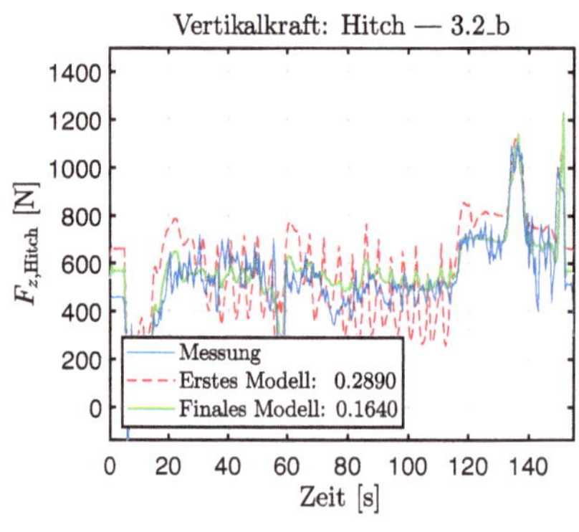

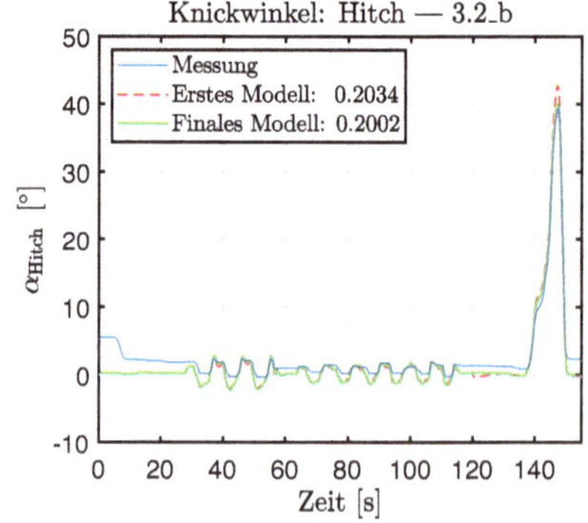

Abb. 5.36: Dynamikvergleich: F_z
Erstes & Finales Modell

Abb. 5.37: Dynamikvergleich: dr_z
Erstes & Finales Modell

Besonders hervorzuheben ist die Vertikalkraft an der Kupplung, dargestellt in Abbildung (5.36), die im Ausgangsmodell starke Schwingungen zeigte. Durch die Optimierung konnte hier der zugehörige Fehlerwert nahezu halbiert werden. Zudem ist der Verlauf des Knickwinkels (dr_z) in Abbildung (5.37) methodisch von Interesse: Dieser weist eine deutliche Hysterese auf, die sich im Verlauf der Messung (mit jeder Oszillation des Trailers) verkleinert. Dennoch bleibt der ISO-Fehler sowohl im Ausgangsmodell als auch in der finalen Variante hoch. Dies ist auf das Verhältnis von kleiner Knickwinkelamplitude und ähnlich hoher Hysterese zurückzuführen. Diese Eigenheit muss beim Einordnen der Fitnesswerte in Abschnitt 5.4.2 beachtet werden.

3. Manöver: (2.2a) - Kreisfahrt mit Bremsen bis Stillstand

Das Manöver besteht aus einer Kreisfahrt mit konstantem Radius und mehreren Geschwindigkeitsniveaus (10, 20,... 50 km/h), jeweils mit einem Abschnitt konstanter Geschwindigkeit sowie anschließendem Abbremsen bis zum Stillstand.

Auffällig ist hier insbesondere die Gierrate des Zugfahrzeugs, die im ursprünglichen Modell durchgängig zu hoch war, jedoch im finalen Modell deutlich verbessert werden konnte (Abbildung (5.38)). Ebenso zeigt der Verlauf des Knickwinkels des Trailers (Abbildung (5.39)) ein deutliches Ausbrechen, das im optimierten Modell reduziert wurde. Der entsprechende ISO-Fehler konnte hier nahezu halbiert werden. Diese Verbesserungen lassen sich auf die Anpassung von Lenkungs- und Reifenparametern zurückführen.

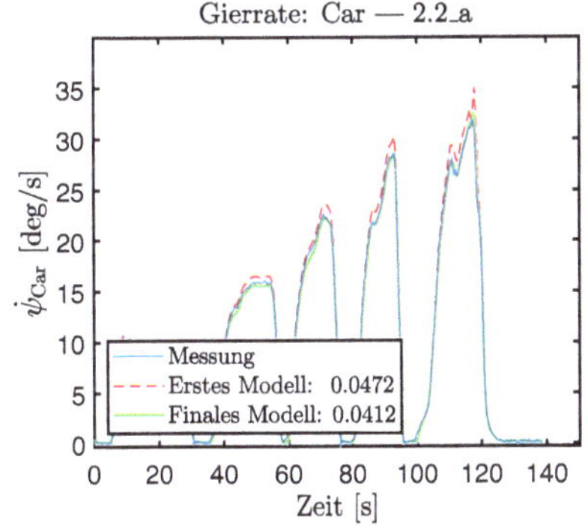

Abb. 5.38: Dynamikvergleich: $\dot{\psi}_{Car}$ Erstes & Finales Modell

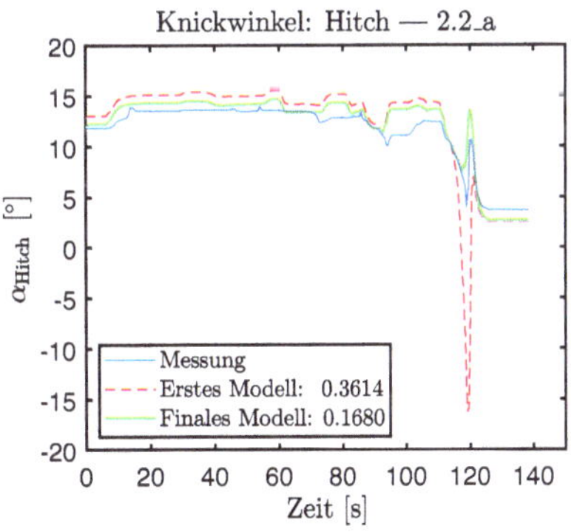

Abb. 5.39: Dynamikvergleich: dr_z Erstes & Finales Modell

4. Manöver: (3.1b) - Spurwechselmanöver

Dieses Manöver besteht aus einem doppelten Spurwechsel (Hin- und Rückbewegung) bei konstanter Geschwindigkeit von 100 km/h. Der Spurwechsel wird nach Abklingen der Schwingung mehrfach wiederholt.

Mit zunehmender Intensität des Manövers zeigt sich verstärkt die Dynamik der Fahrzeugkombination. Beim Ausgangsmodell lässt sich in Abbildung (5.40) im Längsbeschleunigungssignal des Zugfahrzeugs so beispielsweise ein Übersprechen der Querdynamiken erkennen. Die Seitenbeschleunigungen (Abbildung (5.41)) klingen beim Spurwechsel verzögert ab und zeigen verstärktes Überschwingen.

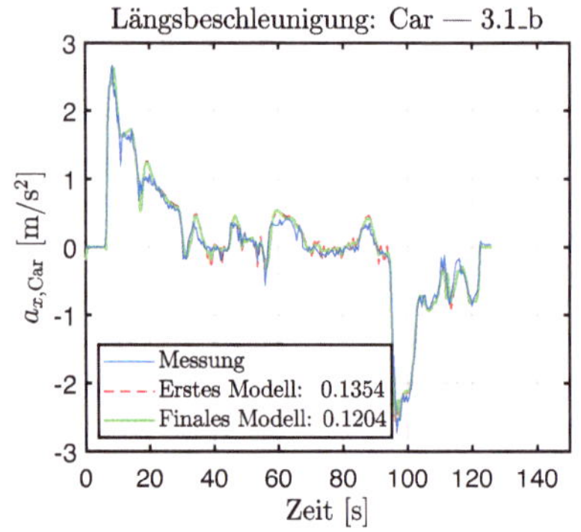
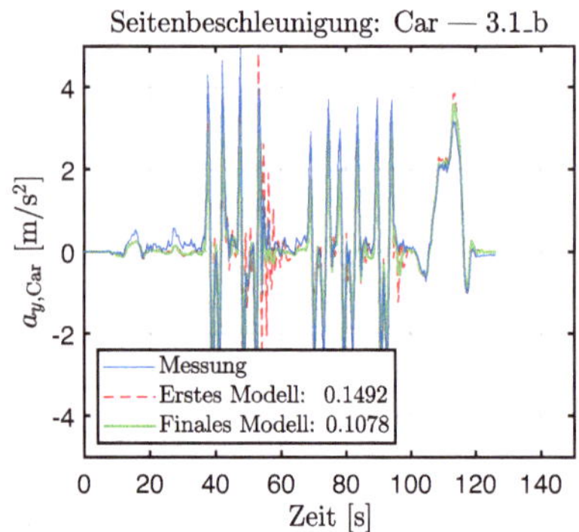

Abb. 5.40: Dynamikvergleich: $a_{x,\mathrm{Car}}$ **Abb. 5.41:** Dynamikvergleich: $a_{y,\mathrm{Car}}$
Erstes & Finales Modell   Erstes & Finales Modell

Die Vertikalkraft (F_z) zeigt kombiniert die Problematiken aus den Manövern (1.1c) und (3.2c): einerseits wird die Kraft durch falsche Annahmen zur Aero -dynamik- und Bodylage zu hoch eingeschätzt, andererseits führen fehlerhafte Parameterwerte im Spurwechsel zu stark ausgeprägten Kraftschwankungen, gezeigt in Abbildung (5.42). Durch die Optimierung konnte der ISO-Fehler der Vertikalkraft etwa halbiert werden. Ähnlich markant ist die Seitenbeschleunigung des Trailers, die im Ursprungsmodell nur langsam abklingt und wie in Abbildung (5.43) gezeigt Werte bis etwa 8 m/s² erreichte.

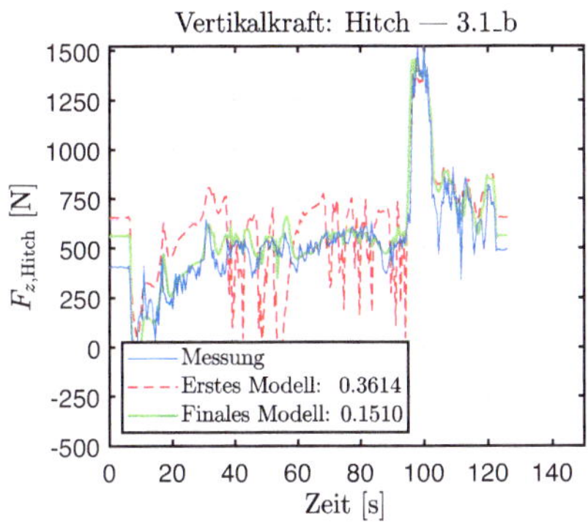

Abb. 5.42: Dynamikvergleich: F_z Erstes & Finales Modell

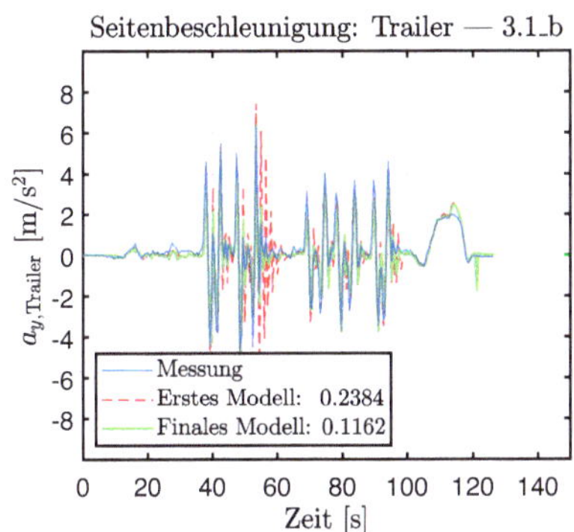

Abb. 5.43: Dynamikvergl.: $a_{y,\text{Trailer}}$ Erstes & Finales Modell

5. Manöver: (3.4c) - Schlangenlinienfahrt

Dieses Manöver stellt ein Extrembeispiel dar: Bei einer sehr hohen Geschwindigkeit von 130 km/h werden langsame, sinusförmige Lenkwinkelvorgaben bei etwa 0,3 Hz durchgeführt.

Trotz der langsamen Lenkbewegung entsteht durch die hohe Geschwindigkeit eine starke dynamische Anregung der Fahrzeugkombination. Im ursprünglichen Zustand ist das Manöver mit dem Startmodell nicht simulierbar, die resultierenden Schwingungen eskalieren und führen zu einem virtuellen Unfall. Abbildung (5.44) zeigt hierzu die Längsbeschleunigung des Zugfahrzeugs, zusammen mit der Seitenbeschleunigung des Trailers in Abbildung (5.45) zeichnet sich ein Bild des Vorgangs. Der Trailer wird hier aufgrund seiner Parametrierung bei hohen Geschwindigkeiten instabil, bricht aus und reißt das Zugfahrzeug mit sich mit. Eine Bewertung des ursprünglichen Modells ist damit nicht sinnvoll möglich, doch unterstreicht dies erneut die Wichtigkeit einer korrekten Parametrierung. Erst das optimierte Modell erlaubt eine stabile Simulation und zeigt deutlich reduzierte Schwingungen insbesondere im Trailerbereich.

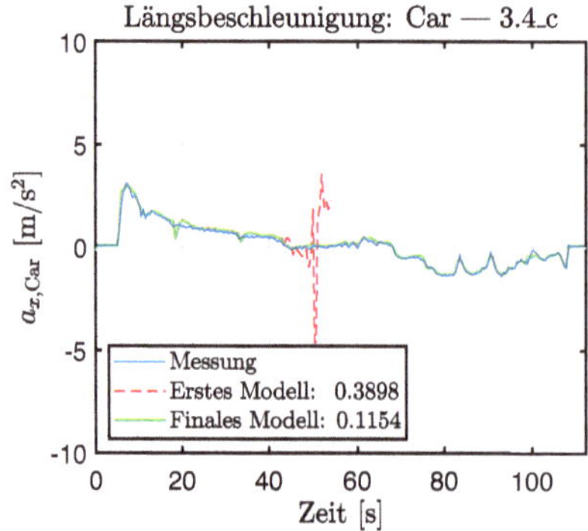

Abb. 5.44: Dynamikvergl.: $a_{x,\mathrm{Car}}$
Erstes & Finales Modell

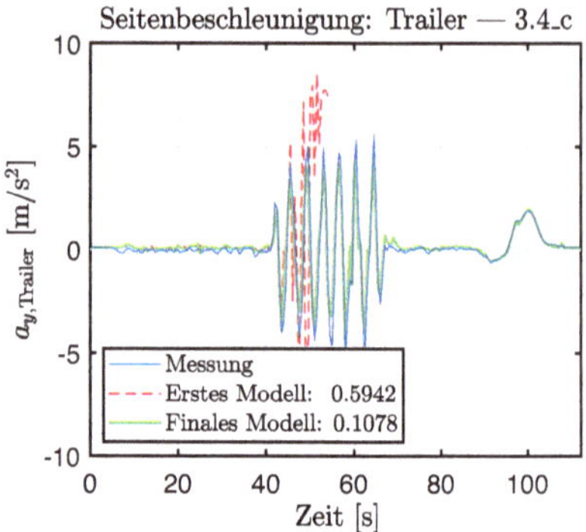

Abb. 5.45: Dynamikvergl.: $a_{y,\mathrm{Trailer}}$
Erstes & Finales Modell

5.4.2 Quantitative Auswertung der Fitness

Zur strukturierten Analyse der Modellgüte werden die betrachteten Zielgrößen in fünf physikalisch motivierte Cluster zusammengefasst. Dies ermöglicht eine fokussierte Bewertung spezifischer Dynamikbereiche und wie diese jeweils durch die Optimierung verbessert wurden.

Cluster 1: Längsdynamik ($a_{x,\mathrm{Car}}$ & $a_{x,\mathrm{Trailer}}$) Die Längsbeschleunigungen von Zugfahrzeug und Trailer sind durch die starre Verbindung stark gekoppelt. Änderungen der Antriebskraft oder Bremswirkung am Zugfahrzeug wirken sich nahezu direkt auf den Trailer aus. Eine getrennte Betrachtung der beiden Größen ist in den meisten Fällen nicht sinnvoll, da sie nahezu identische Verläufe aufweisen.

Cluster 2: Querdynamik Zugfahrzeug ($a_{y,\mathrm{Car}}$ & $\dot{\psi}_{\mathrm{Car}}$) Die Querbeschleunigung und die Gierrate des Zugfahrzeugs spiegeln das Lenkverhalten und die Fahrzeugreaktion in Kurven wider. Beide Größen sind eng miteinander verbunden: Eine stärkere Querbeschleunigung geht meist mit einer erhöhten Gierrate einher. Dieses Cluster erlaubt Rückschlüsse zur Modellierung der Lenk- und Seitenkraftdynamik.

Cluster 3: Kräfte an der Deichsel (F_x & F_z) Die Zugkraft (F_x) und Stützkraft (F_z) an der Kupplung entstehen durch Zug-/Bremskräfte sowie Nickbewegungen der Fahrzeuge. Diese Größen liefern wertvolle Informationen über die Kupplungsdynamik und die Kraftübertragung innerhalb des Gespanns, insbesondere bei dynamischen Längs- und Lastwechseln.

Cluster 4: Knickwinkel (dr_z) Der Knickwinkel beschreibt die relative Ausrichtung von Zugfahrzeug und Trailer. Er ist stark abhängig von der Kurvenfahrt, aber auch von Verzögerungsvorgängen oder Nick-/Wankbewegungen. Als singuläre Größe steht er oft zwischen den anderen Clustern und zeigt hohe Sensitivität gegenüber verschiedenen Eingriffen.

Cluster 5: Querdynamik Trailer ($a_{y,\texttt{Trailer}}$ & $\dot{\psi}_{\texttt{Trailer}}$) Im Gegensatz zum Zugfahrzeug folgt der Trailer mit zeitlicher Verzögerung und in abgeschwächter Intensität. Querbeschleunigung und Gierrate des Anhängers bilden gemeinsam das Nachlaufverhalten ab und liefern Hinweise auf Schwingungen oder Stabilitätsprobleme. Diese Größen sind besonders relevant für die Validierung bei höheren Geschwindigkeiten und schnellen Richtungswechseln.

Auswertung | Cluster 1: Längsdynamik ($a_{x,\texttt{Car}}$ & $a_{x,\texttt{Trailer}}$) Die Längsbeschleunigungen von Fahrzeug und Trailer ($a_{x,\text{Car}}$, $a_{x,\text{Trailer}}$) zeigen insgesamt ein relativ einfaches Verhalten. Da die vorgegebene Zielgeschwindigkeit durch den integrierten Fahrer im CarMaker geregelt wird, wirken sich Modellfehler in diesem Cluster grundsätzlich weniger stark aus: Abweichungen treten vor allem dann auf, wenn das Fahrzeug instabil wird und der Fahrer es nicht mehr einfangen kann.

In den meisten Testläufen wird bereits nach der ersten Runde (Statische Kräfte) eine deutliche Verbesserung erzielt. Durch die Optimierung der Auflaufbremse verändern sich die Werte je nach Manöver leicht unterschiedlich: Während die meisten Szenarien ein weiteres kleines Plus zeigen, bleibt der Effekt bei der Kreisfahrt (2.2a) zunächst aus. Eine klar erkennbare Verbesserung tritt hier erst nach der Anpassung der Lenkübersetzung und insbesondere nach der Optimierung der Reifenlimits und des Ausbrechverhaltens auf. Ein Sonderfall zeigt sich im Testlauf (3.4c): Hier ist der Ausgangswert deutlich schlechter als bei den übrigen Manövern, da bei der hohen Dynamik des Manövers eine korrekte Parametrierung entscheidend für ein stabiles Fahrverhalten ist. Durch die ersten Optimierungsrunden (Statische Kräfte & Auflaufbremse) sinkt der Fehler deutlich und erreicht im späteren Verlauf ein ähnliches Niveau wie bei den anderen Testläufen.

Fazit: Die Optimierung von ($a_{x,\text{Car}}$ und $a_{x,\text{Trailer}}$) verläuft insgesamt stetig und robust, mit abnehmender Änderungsrate in den späteren Runden. Größere Verbesserungen werden früh durch statische Kräfte und Auflaufbremse erreicht, während spätere Anpassungen wie Reifenlimits und Ausbrechverhalten das Verhalten weiter stabilisieren.

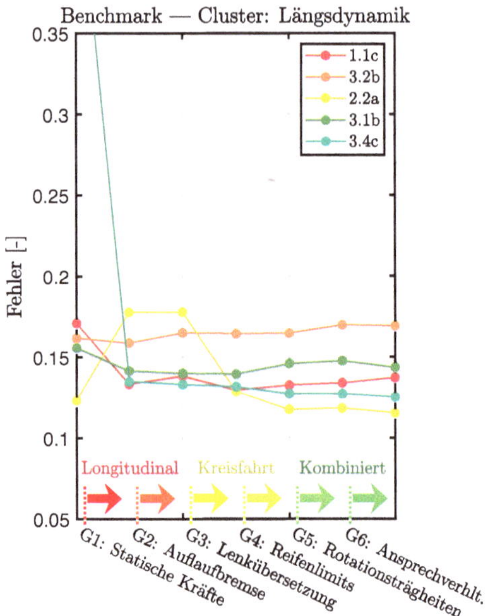

Abb. 5.46: Benchmark: Cluster Längsdynamik

Instabilitäten zeigen sich vor allem in Ausnahmefällen, können durch die schrittweise Optimierung jedoch zuverlässig reduziert werden. Verbleibende Ungenau-
igkeiten sind vor allem auf Messrauschen sowie auf vom Zugfahrzeug abhängige
Triebstrangcharakteristiken, insbesondere beim Fahrbeginn und während Schaltvor-
gängen, zurückzuführen. Unterschiede in Last, Fahrpedalstellung und Fahrmodus
können dabei sekundenweise zu deutlichen Schwankungen im Momentenaufbau
führen, bis die transienten Effekte abklingen und folgend wieder Übereinstimmung
zwischen Messung und Simulation erreicht wird.

Auswertung | Cluster 2: Querdynamik Car ($a_{y,\text{Car}}$ & $\dot{\psi}_{\text{Car}}$)   Die Querbeschleu-
nigung des Fahrzeugs sowie dessen Gierrate zeigen wie in Abbildung (5.47) abge-
bildet je nach Manöver unterschiedliche Entwicklungen im Laufe der Optimierung.
Bei den Manövern (1.1c) und (3.2b), die primär longitudinal geprägt sind, bleibt
der Fehler über alle Optimierungsschritte hinweg nahezu konstant. Diese Werte
spiegeln überwiegend das vorhandene Messrauschen wider, da aufgrund der geringen lateralen Anteile keine nennenswerte Querbewegung auftritt. Aufgrund ihrer
geringen Relevanz sind beide Manöver in der Abbildung ausgegraut.

In den anderen Manövern (also (2.2a), (3.1b) und (3.4c)) wird dagegen insgesamt eine deutliche Verbesserung erreicht. (3.4c) fällt stark und (2.2a) steigt nach Korrektur der statischen Kräfte zunächst auf einen ähnlichen, gegenüber den longitudinalen Szenarien erhöhten Fehlerwert. Für (2.2a) führen dann Anpassungen an der Lenkübersetzung und insbesondere den Reifenlimits (und damit dem Ausbrechverhalten) zu einer spürbaren Reduktion des Fehlers. Ähnliche Verbesserungen zeigen sich auch bei (3.4c), jedoch macht die hohe Manöverdynamik noch Optimierungen der Rotationsträgheiten beider Fahrzeuge und am Reifenansprechverhalten nötig, um einen ähnlich geringen Restfehler wie bei den anderen Manövern zu erreichen.

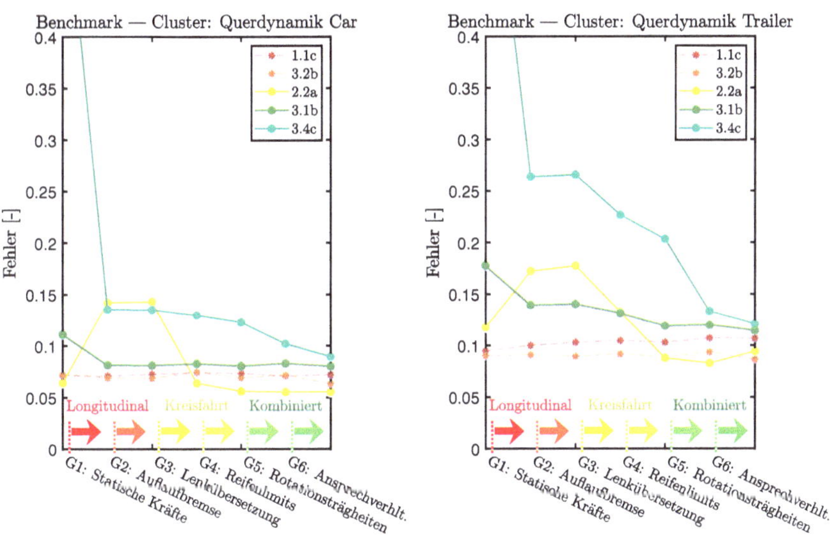

Abb. 5.47: Benchmark: Cluster Querdynamik Car

Abb. 5.48: Benchmark: Cluster Querdynamik Trailer

Fazit: Nach Abschluss aller Optimierungsschritte erreichen die Manöver, abhängig von ihrer lateralen Ausprägung, ein konsistentes und deutlich verbessertes Fehlerniveau. Während des Vorgangs an sich zeigen sich je nach Manöver jedoch deutliche Unterschiede:

Für (1.1c) und (3.2b) bleibt der Fehler auf niedrigem Niveau nahezu konstant, hier handelt es sich im Wesentlichen um Restrauschen, da die Manöver kaum eine Querbewegung enthalten.

In den anderen Manövern, insbesondere bei (3.4c), zeigen sich deutliche Verbesserungen. Vor allem die Anpassungen an Reifenlimits, Ausbrechverhalten und Rotationsträgheiten tragen dazu bei, dass das Kurvenverhalten des Fahrzeugs stabiler und berechenbarer wird. Bemerkenswert am Gesamtergebnis dieses Clusters ist, dass alle Manöver trotz stark unterschiedlicher Dynamik einen ähnlichen Endwert erreichen, was die Ausgewogenheit und Robustheit des Modells unterstreicht.

Auswertung | Cluster 3: Querdynamik Trailer ($a_{y,\texttt{Trailer}}$ & $\dot{\psi}_{\texttt{Trailer}}$) Bei der Betrachtung der Querbeschleunigung und Giergeschwindigkeit des Anhängers zeigen sich in Abbildung (5.48) insgesamt ähnliche Muster wie beim Zugfahrzeug, allerdings mit einigen zusätzlichen Auffälligkeiten. So sind die Fehlerwerte beim Trailer zum einen durchgehend auf einem höheren Niveau, zum anderen bewirken die Optimierungen von Runde zu Runde größere Änderungen.

Auch hier liegen in den (longitudinalen) Manövern (1.1c) und (3.2b) die Fehlerwerte von Beginn an auf niedrigem Niveau und verändern sich über die Optimierungsschritte nur geringfügig, beide Manöver sind ausgegraut dargestellt. Der verbleibende Restfehler wird erneut auf Hintergrundrauschen zurückgeführt, da kaum laterale Bewegungskomponenten vorhanden sind.

Bei der Kreisfahrt (2.2a) ist eine deutliche Sensitivität gegenüber Änderungen erkennbar: Nach der Anpassung der statischen Kräfte steigt der Fehler zunächst merklich an, ähnlich wie beim Zugfahrzeug, bevor er durch Optimierungen an Reifenlimits und Ausbrechverhalten wieder signifikant sinkt. Auffällig ist hier, dass die Reifenlimits beim Anhänger einen besonders starken Einfluss auf die Fehlerreduktion haben, was auf die hohe Abhängigkeit der Anhängerreaktion von den verfügbaren Querkräften schließen lässt.

Beim Spurwechselmanöver (3.1b) zeigt sich ein ähnlicher Verlauf: Der Fehler nimmt nach der ersten Anpassung ab und wird über die weiteren Schritte hinweg kontinuierlich verbessert. Hier wirken sich vor allem die Korrekturen der Reifenlimits und die Anpassung der Rotationsträgheiten positiv aus, die das dynamische Verhalten des Anhängers bei schnellen Richtungswechseln stabilisieren. Besonders eindrücklich ist die vergleichbar mit (3.1b) ablaufende Entwicklung bei Manöver (3.4c). Ausgehend von einem sehr hohen Startfehler von 0.635 kann durch kontinuierliche Verbesserung schließlich ein Endwert von 0.120 erreicht werden. Dies verdeutlicht, dass gerade bei komplexen, dynamisch anspruchsvollen Fahrmanövern der Anhänger stark von korrekten Kraftverteilungen, Reifencharakteristiken und Trägheitsmomenten profitiert.

Fazit: Zusammenfassend lässt sich sagen, dass die laterale Dynamik des Anhängers sehr sensibel auf Anpassungen reagiert, insbesondere auf Änderungen an Reifenlimits, Ausbrechverhalten und den Rotationsträgheiten: Während Manöver mit rein longitudinaler Charakteristik kaum eine Veränderung aufweisen, zeigt sich bei lateraldynamisch geprägten Fahrzuständen eine klare Verbesserung des Modellverhaltens durch die systematische Optimierung. Insgesamt zeigt sich beim Anhänger zwar ein höheres Fehlerniveau als beim Zugfahrzeug, doch auch hier nähern sich alle Manöver einem gemeinsamen Endwert an.

Auswertung | Cluster 4: Kräfte Hitch (F_x & F_z) | 5: Knickwinkel Hitch (dr_z)
Die Kupplungskräfte und der Knickwinkel sind beides zentrale Größen zur Beschreibung der Bewegung beider Fahrzeuge. Ähnlich eines freigeschnittenen Zwei-Massen-Federschwingers, bei dem Informationen zu Dehnung und Geschwindigkeit der Feder(enden) das System weitestgehend bestimmen, hat die Kupplung hier eine vergleichbare Aussagekraft.

Kräfte Hitch F_x & F_z: Die Optimierung der an der Anhängerkupplung auftretenden Kräfte F_x & F_z verläuft über alle Manöver hinweg sehr erfolgreich, in Abbildung (5.49) ist der zugehörige Verlauf abgebildet.

Bereits nach der ersten Korrektur der statischen Kräfte wird das Fehlerniveau in allen Fällen deutlich reduziert, wobei insbesondere (1.1c), (3.1b) und (3.4c) stark profitieren. Weitere Verbesserungen ergeben sich sukzessive durch Anpassungen von Reifenlimits, Ausbrechverhalten und Rotationsträgheiten, die das Zusammenspiel von Fahrzeug und Anhänger weiter harmonisieren.

Besonders auffällig ist die stetige und gleichmäßige Fehlerreduktion über alle Optimierungsschritte hinweg, was auf eine gute Abstimmung sowohl der longitudinalen als auch vertikalen Kraftübertragung aber auch gleichbleibend hohen Bedeutung der optimierten Parameter hinweist. Am Ende erreichen alle Manöver deutlich reduzierte Fehlerwerte, wobei die Unterschiede zwischen den einzelnen Szenarien deutlich kleiner ausfallen als zu Beginn.

Knickwinkel Hitch dr_z: Der Knickwinkel bildet als Bindeglied zwischen Zugfahrzeug und Anhänger eine zentrale Größe für die Beschreibung des gemeinsamen Bewegungsverhaltens.

In Abbildung (5.50) ist das zugehörige Ergebnis abgebildet, die longitudinalen Szenarien (1.1c) und (3.2b) sind auch hier ausgegraut. Bei beiden bleibt der

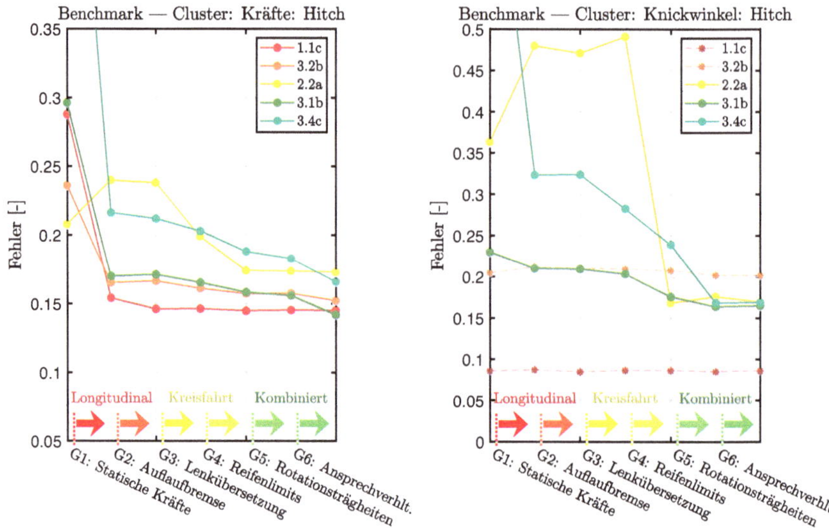

Abb. 5.49: Benchmark: Cluster   **Abb. 5.50:** Benchmark:
        Kräfte Hitch   Knickwinkel Hitch

Fehler im Verlauf der Optimierung weitgehend konstant auf niedrigem und mittleren Niveau, wobei nur leichte Verbesserungen erzielt werden. Diese Stabilität ist auch hier auf die geringe laterale Anregung der Szenarien zurückzuführen.

In den stärker querdynamisch geprägten Manövern hingegen treten zu Beginn sehr hohe Fehlerwerte auf, insbesondere bei (3.4c) und (2.2a). Erst nach der Anpassung der Reifenlimits und des Ausbrechverhaltens verbessern sich die Ergebnisse dort deutlich. Auch die weiteren Optimierungsschritte, insbesondere die Berücksichtigung der Rotationsträgheiten, tragen zu einer nachhaltigen Reduktion der Fehler bei.

Wie auch bei den zuvor vorgestellten Clustern nähern sich auch hier die Fehlerwerte einander an. In diesem Fall ist dieser Vorgang jedoch besonders hervorzuheben. Die Manöver mit finalen Fehlerwerten von **(2.2a)→0,1680**, **(3.1b)→0,1638** und **(3.4c)→0,1676** liegen in einem Fehlerbereich von gerade mal **0,0042** beziehungsweise **2,5%** relativem Unterschied. Es zeigt sich ein deutlich niedrigeres und konsistentes Fehlerniveau, was auf ein äußerst realistisch abgestimmtes Kinematikverhalten zwischen Zugfahrzeug und Anhänger hinweist.

5.4.3 Fazit: Performance, Restfehler und Robustheit

Wie in Abschnitt 2.2 festgelegt wird im Rahmen der Validierung nun gefordert, nach Abschluss der Optimierung die **Performance, Restfehler und Robustheit** des Modells zu beurteilen. Anschließend wird in Abschnitt 5.4.4 darauf aufbauend **Validität und Gültigkeitsbereich** des Modells klargestellt.

Die Performance des Modells verbessert sich über den gesamten Optimierungs-prozess hinweg deutlich. Nach Abschluss aller Optimierungsschritte zeigen sich in sämtlichen betrachteten Ausgangsgrößen signifikante Fortschritte gegenüber dem Ausgangszustand. Die in Abbildung (5.51) gezeigte Darstellung fasst nun die gemittelten Fitnesswerte aller neun Ausgangsgrößen - und damit die zuvor bei den einzelnen Clustern beobachteten Verbesserungen - zu einem einheitlichen Endergebnis zusammen.

Durch die Mittelung der zuvor teils sprunghaft verlaufenden Clusterscores entsteht ein homogenes Gesamtbild, das eine gleichmäßige und stetige Verbesserung über den gesamten Optimierungsprozess hinweg zeigt.

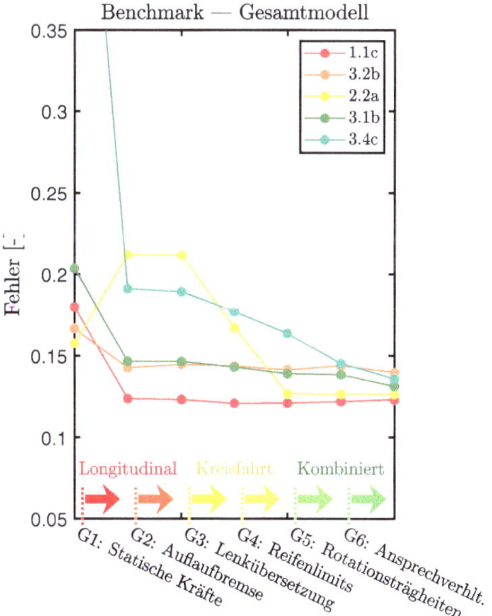

Abb. 5.51: Benchmark: Gesamtfehler

Bereits nach der ersten Anpassung an die statischen Kräfte reduziert sich die durchschnittliche Abweichung in fast allen Manövern deutlich. Über die weiteren Optimierungsschritte zeigt sich eine kontinuierliche Verbesserung.

Während die longitudinal dominierten Szenarien (1.1c) und (3.2b) bereits nach den ersten Schritten nur noch geringe Optimierungsgewinne aufweisen, entwickeln sich die lateraldynamisch geprägten Fahrten in einem fortlaufenden, beinahe linearen Prozess auf ein konsistentes niedriges Fehlerniveau.

Am Ende des Optimierungsprozesses erreichen alle Manöver Fitnesswerte im Bereich von 0,12 bis 0,14. Die Fehler sinken damit teils um über 75% gegenüber dem Ausgangszustand, was die Wirksamkeit des Optimierungsansatzes eindrucksvoll unterstreicht. Die Ergebnisse belegen, dass das Modell nun über ein ausgewogenes und robustes Verhalten in longitudinalen wie auch lateralen Fahrzuständen verfügt.

Restfehler und ihre Ursachen werden dargestellt, um die erreichte Modellperformance besser einordnen zu können. Fehler wie Offsets in Beschleunigungssignalen oder nicht korrigierbare Effekte infolge von Sensorhysterese können so in der Nachbereitung entweder herausgerechnet oder zumindest gesondert behandelt werden.

Für die Längsbeschleunigungen von Zugfahrzeug und Trailer ($a_{x,\mathrm{Car}}$ und $a_{x,\mathrm{Trailer}}$) verbleibt ein mittlerer Fehler von etwa 0,15. Abweichungen treten insbesondere bei transienten Beschleunigungsvorgängen auf. Hauptursachen sind Modellvereinfachungen am Triebstrang, etwa durch mangelnde Informationen zum Schaltkennfeld des Automatikgetriebes oder dem Motorsteuergerät, sowie externe Einflüsse wie böige Winde, da die Fahrten auf einem offenen Flugplatzgelände durchgeführt wurden.

Bei den Querbeschleunigungen ($a_{y,\mathrm{Car}}$ & $a_{y,\mathrm{Trailer}}$) und Gierraten ($\dot{\psi}_{\mathrm{Car}}$ & $\dot{\psi}_{\mathrm{Trailer}}$) zeigen Zugfahrzeug und Trailer ein ähnliches Verhalten. Während der mittlere Fehler des Zugfahrzeugs bei etwa 0,07 liegt, ist der Restfehler des Trailers mit etwa 0,1 leicht erhöht. Die Abweichungen treten vor allem bei hochdynamischen lateralen Manövern auf und äußern sich zum Beispiel bei Pendelbewegungen in geringen Amplitudendifferenzen. Weitere Einflussfaktoren sind Rauschen, Asymmetrien durch Seitenwind und leichte Querneigungen der Fahrbahn, welche zu kleinen Offsets in der Seitenbeschleunigung führen. Diese Signale wurden bei den reinen Längsmanövern ausgeklammert, in kombinierten Manövern ist dies aber nicht ohne weiteres möglich, da die lateralen Größen hier einen Teil des Manövers abbilden.

Beim Knickwinkel (dr_z) zeigt sich ein mittlerer Restfehler von etwa 0,17, aufgrund einer bereits beschriebenen mechanischen Hysterese im Messsystem. Dadurch liegt die „Ruhestellung" häufig leicht außerhalb von Null. Die Restfehler im Benchmarkergebnis des Knickwinkels sind damit praktisch als null anzusehen, sodass hier von einem vernachlässigbaren Restfehler ausgegangen werden kann.

Bei den Kupplungskräften (F_x und F_z) resultieren die verbleibenden Fehler mit Mittelwert von etwa 0,155 aus einer Mischung mehrerer Effekte: Unterschiede im Längsbeschleunigungsverhalten beeinflussen den Kraftverlauf, hinzu kommen Unebenheiten der Fahrbahn, Windeinflüsse und mögliche Messartefakte. Während die übrigen Größen in IMU-Systemen mit MEMS hochpräzise erfasst werden, beruhen die Kupplungskraftmessungen auf einem (eingemessenen) Vorserienprototypen. Insbesondere bei Kraftspitzen und ruckartigen Belastungen können durch noch unbekannte Effekte zusätzliche Artefakte in den Signalen auftreten.

Insgesamt lassen sich die verbleibenden Abweichungen plausibel auf physikalische Effekte, die Rauschempfindlichkeit der ISO 18571 bei Signalen mit langen Abschnitten nahe null sowie messtechnische Limitierungen zurückführen, sodass gravierende Modellfehler oder unvollständige Modellierung der Fahrzeuge ausgeschlossen werden können.

Die Robustheit bezeichnet die Fähigkeit eines Modells, auch bei moderaten Änderungen der Eingangsgrößen oder Systemparameter konsistente und plausible Ergebnisse zu liefern. In diesem Kontext wurde untersucht, wie stabil das validierte Modell auf realitätsnahe Veränderungen reagiert, etwa durch den Entfall von Zusatzmassen wie Mitfahrer oder Messtechnik ($\sum = 236\,\text{kg}$). Die resultierende Veränderung von Fahrzeugmasse und Schwerpunktlage führt zu einer leichten „Verstimmung" des Modells, ohne dass eine erneute Kalibrierung erfolgt. Der Vergleich der dabei entstehenden Fehler mit den bisherigen Fitnesswerten erlaubt Rückschlüsse auf die Generalisierungsfähigkeit und somit auf die strukturelle Qualität der Modellierung.

- Wären die Fehler bei der gestörten Simulation signifikant kleiner als zuvor, könnte dies auf ein Modell mit hoher Verzerrung (Bias) hindeuten: Es bildet bestimmte Muster zu stark vereinfacht oder ignoriert bisher unbeachtete Einflüsse, die nun zufällig zum Testfall passen. Eine zu geringe Fehlerspanne kann also ebenso auf unzureichende Generalisierung hindeuten.

- Umgekehrt würde ein starkes Ansteigen der Fehler für ein Modell mit hoher Varianz sprechen. In diesem Fall reagiert das Modell sehr empfindlich auf kleine Änderungen - ein typisches Anzeichen für „Overfitting", bei dem das Verhalten nur unter exakt den Bedingungen der Trainingsdaten (Testfahrten) korrekt beschrieben wird.

- Bleiben die Fehler im gleichen Bereich (idealerweise leicht) erhöht, deutet dies auf ein gut generalisierendes Modell mit ausgewogenem Bias-Varianz-Verhältnis hin. Die Robustheit gegenüber moderaten Störungen spricht dafür, dass das Modell die Systemdynamik strukturell korrekt abbildet.

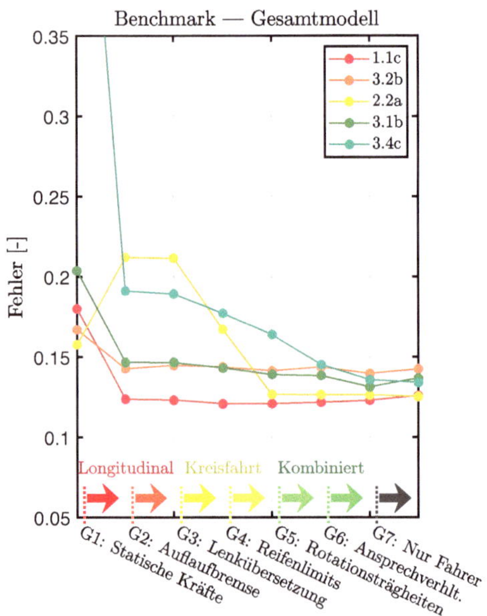

Abb. 5.52: Benchmark: Gesamtfehler - Unbeladenes Fahrzeug

Das Ergebnis der Simulation in Abbildung (5.52) zeigt erwartungsgemäß etwas schlechtere Fitnesswerte, welche zeigen, dass das Modell eine ausgewogene Balance zwischen Bias und Varianz aufweist: Die erwartungsgemäß geringe Verschlechterung der Fitness deutet darauf hin, dass keine systematische Verzerrung (Bias) durch die Verstimmung vorliegt, während die stabile Modellantwort auch bei geänderten Randbedingungen auf eine geringe Varianz und damit auf eine robuste Generalisierungsfähigkeit hinweist.

5.4.4 Fazit: Validität und Gültigkeitsbereich

Im abschließenden Schritt werden die Validität des Modells sowie dessen abgesicherter Gültigkeitsbereich in Anlehnung an [38] beurteilt. Während sich die Validität aus der Übereinstimmung mit Messdaten, der physikalischen Konsistenz und der Robustheit gegenüber Eingangsgrößen ableitet, beschreibt der Gültigkeitsbereich jene Zustandsräume, innerhalb derer eine zuverlässige Abbildung erwartet werden kann. Zur Darstellung dienen fahrdynamische Diagramme, welche alle während Optimierung und Validierung durchlaufenen Zustände zusammenfassen und so einen Überblick über die abgesicherten Betriebsbereiche liefern.

Der Gültigkeitsbereich dient als Referenz und hilft beliebige Fahrmanöver und die darin vorkommende Dynamik mit Vertrauensintervallen abzugleichen. Dazu wurde zunächst anhand von Messdaten der gesamte durchfahrene Dynamikbereich des Gespanns erfasst. Für Fahrzeug und Trailer wurden jeweils zwei Diagramme erstellt:

- Ein v-a_x-**Diagramm** zeigt den realisierten längsdynamischen Bereich über die gefahrenen Geschwindigkeiten. Es ermöglicht Rückschlüsse auf die im Versuch abgerufene Leistungsfähigkeit des Antriebsstrangs und der Bremse, die Verteilung von Beschleunigungs- und Verzögerungsvorgängen je Geschwindigkeit sowie auf das Fahrprofil insgesamt. Auffällige Unterschiede in maximaler Beschleunigung und Verzögerung deuten z. B. auf asymmetrische Leistungsreserven oder Annäherung an die Haftgrenze.

- Ein a_x-a_y-**Diagramm** (G-G-Plot) verdeutlicht die überfahrenen kombinierten Längs- und Querbeschleunigungsmuster. Hochdynamische Fahrmanöver zeigen dabei oft durch Reifenhaftung limitierte Grenzbereiche. Durch die Betrachtung von $r = \sqrt{a_x^2 + a_y^2}$ über Polarwinkel lassen sich dann typische Dynamikgrenzen nachbilden.

In beiden Diagrammen wurden die Messdaten gezielt ausgedünnt, da der ursprüngliche Datensatz mit über 800.000 Punkten einerseits den Speicherbedarf erhöhte und andererseits den Bildaufbau im Dokument deutlich verlangsamte. Ein einfaches Reduzieren auf etwa jeden 50. Wert war jedoch nicht zielführend, da in diesem Fall dünn besetzte Bereiche nicht mehr sichtbar gewesen wären. Besonders entlang der Achsen zeigt sich eine hohe Punktdichte – etwa bei Stillstand oder bei Manövern ohne Lateraldynamik.

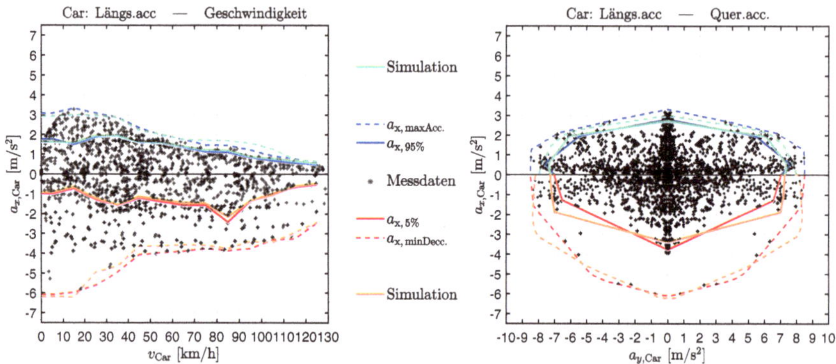

Abb. 5.53: Dynamikbereich a_x-v & a_x-a_y mit Gültigkeitsgrenzen

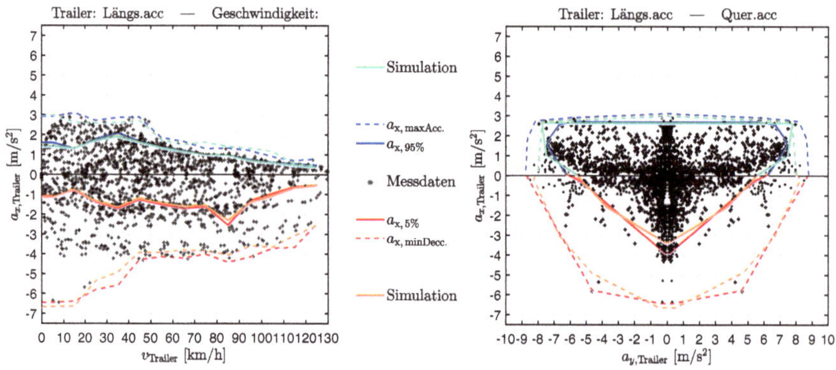

Abb. 5.54: Dynamikbereich a_x-v & a_x-a_y mit Gültigkeitsgrenzen

Um dies zu berücksichtigen, wurde ein dichtebasierter Filter verwendet, der in stark belegten Bereichen deutlich stärker ausdünnt, ohne relevante Strukturen in weniger dichten Bereichen zu verlieren, sodass schließlich nur rund 0,3% aller Punkte abgespeichert werden mussten. Die a_y-Werte wurden im a_x-a_y-Plot aus Symmetriegründen an der vertikalen Achse gespiegelt. Zur Einordnung der Wertebereiche sind zwei Hüllkurven angegeben:

- Der **Maximalbereich** --- die äußersten Messwerte (Minima & Maxima).

- Der **Konfidenzbereich** — basiert auf den 95%- & 5%-Quantilen und schließt Ausreißer gezielt aus.

Letzterer liefert ein robusteres Maß für den typischen Grenzbereich. Beide Hüllkurven wurden aus dem vollständigen, ungefilterten Messdatensatz berechnet. Die farbliche Kodierung unterscheidet dabei positive (blau) und negative (rot) Längsbeschleunigungen. Die zugehörigen Simulationsdaten aller Testläufe sind ebenfalls dargestellt: positive Werte in türkis, negative in orange.

Der Vergleich zeigt eine sehr hohe Übereinstimmung zwischen Simulation und Messung - selbst im Maximalbereich, wo aufgrund der geringen Messpunktanzahl kleine Abweichungen große Auswirkungen haben können. Im linken Plot zeigt sich für das Geschwindigkeits-a_x-Diagramm eine nahezu vollständige Übereinstimmung zwischen Simulation und Messung im 95%-Konfidenzbereich. Der Maximalbereich wird bei niedrigen Geschwindigkeiten leicht unterschätzt, bei höheren Geschwindigkeiten hingegen geringfügig überschätzt. Der Minimalbereich wird meist korrekt bis leicht zu niedrig abgebildet. Ein ähnliches Bild ergibt sich im a_x-v-Diagramm des Trailers, was aufgrund des physikalischen Zusammenhangs zu erwarten ist.

Auch im a_x-a_y-Plot setzt sich dieses Muster fort: Der 95%-Bereich zeigt eine sehr gute Deckung, insbesondere für positive Längsbeschleunigungen. Bei negativen Werten fällt insbesondere der Trailer durch eine ebenfalls ausgezeichnete Übereinstimmung auf. Kleine Unterschiede zeigen sich vor allem im lateralen Bereich: Die Simulation des Zugfahrzeugs verhält sich hier tendenziell etwas konservativer. Beim Trailer hingegen ist der 95%-Randbereich bei hohen Querbeschleunigungen leicht erweitert, was jedoch im Maximalbereich wieder weitgehend ausgeglichen wird.

Diese Diagramme bilden damit sämtliche während der Optimierung und Validierung durchlaufenen Fahrzeugzustände ab und dienen somit als Referenz für den späteren Einsatz des Modells. In der Anwendung lässt sich dann anhand der Hüllkurven prüfen, ob ein Manöver im validierten Bereich liegt. Manöver innerhalb des inneren Quantilbereich können mit hoher Sicherheit korrekt abgebildet werden. Liegt ein Manöver innerhalb der äußeren Hülle, ist mit tendenziell höherem Fehler zu rechnen, außerhalb davon ist die Modellgüte nicht mehr gesichert.

Die Validität des Modells lässt sich im Rahmen der definierten Randbedingungen als sehr hoch angeben. Die relevanten fahrdynamischen Eigenschaften werden konsistent und physikalisch plausibel wiedergegeben, die Reaktion auf Eingangsgrößen erfolgt nachvollziehbar, und fahrdynamische Grenzzustände werden korrekt abgebildet. Die verbleibenden Abweichungen bewegen sich im Rahmen typischer fahrdynamischer Toleranzen und sind überwiegend auf bewertungsmethodische Effekte (z.B. Rauschempfindlichkeit der ISO 18571) oder vereinfachende Modellannahmen zurückzuführen.

Das Modell erweist sich darüber hinaus als robust gegenüber realitätsnahen Variationen der Fahrzeugparameter. Die durchgeführte Analyse mit veränderter Beladung zeigt eine erwartbare, aber moderate Verschlechterung der Fitness. Sie belegt, dass das Modell nicht überangepasst ist (kein Bias) und auch bei leichten Systemänderungen stabil bleibt (geringe Varianz). Insgesamt spricht dies für eine hohe Generalisierungsfähigkeit.

Die systematische Angabe eines Gültigkeitsbereichs erweitert die Aussage zur Modellvalidität über eine einfache Ja/Nein-Bewertung hinaus. Durch die Definition von Konfidenzintervallen wird eine quantitative Einordnung möglich, beispielsweise zur gezielten Manöverplanung oder Filterung hochdynamischer Fahrzustände. Auch zeigt sich hier eindrucksvoll eine sehr hohe Übereinstimmung zwischen Simulation und Messungen.

In Summe ergibt sich ein konsistentes Gesamtbild: Das entwickelte Modell stellt eine belastbare Grundlage für weiterführende Simulationen und Analysen dar, insbesondere dann, wenn die Einsatzbedingungen innerhalb des hier betrachteten Gültigkeitsbereichs liegen. Es erfüllt damit die in Abschnitt 2.2.1 formulierten Anforderungen und Validitätskriterien in hohem Maße.

Im folgenden Kapitel wird die zugrunde liegende Methodik zur Modelloptimierung und Validierung im Ganzen reflektiert. Dabei werden sowohl die Stärken des gewählten Ansatzes als auch mögliche Verbesserungspotenziale für künftige Anwendungen systematisch beleuchtet.

6 Fazit

Résumé

Ziel dieser Arbeit war die Entwicklung eines automatisierten Frameworks zur Optimierung und Validierung eines Simulationsmodells für Fahrzeuggespanne. Umgesetzt wurde der Ansatz an einem konkreten Anwendungsfall mit einem Zugfahrzeug und einem (Camping-)Anhänger.

Im Gegensatz zu etablierten Methoden bezieht das entwickelte Verfahren die anhängerseitigen Modellparameter systematisch in den Optimierungsprozess ein. Durch die Kombination eines modular aufgebauten Frameworks mit standardisierten Bewertungsmethoden entsteht ein übertragbarer Ansatz, der eine gezielte Parametrierung und nachvollziehbare Validierung komplexer Fahrzeugkombinationen erlaubt - ein Aspekt, der angesichts zunehmender Relevanz solcher Gespanne in aktuellen Entwicklungsprojekten besonders wichtig ist.

Grundlage des Modells bilden reale Fahrzeugdaten. Aufgezeichnete Fahrmanöver samt zugehöriger Fahrerinputs dienen als Referenz für eine originalgetreue Reproduktion in der Simulation. Die Optimierung erfolgt in mehreren thematisch gegliederten Runden. Nach vorbereitenden Schritten wie Gruppierungsverfahren, Sensitivitätsanalysen und der Planung der Runden läuft der Optimierungsprozess weitgehend autonom unter Einsatz der Partikelschwarmoptimierung ab.

Eine zentrale Rolle nimmt dabei die Norm ISO 18571 ein, die quantitative Fehlerkennzahlen zur Simulationstreue liefert. Diese ermöglichen es, den Optimierungsfortschritt objektiv zu bewerten und gezielt zu steuern.

Das entwickelte Optimierungsframework zeichnet sich durch eine modulare Struktur und hohe Flexibilität aus. Durch die Möglichkeit, Zwischenbewertungen zu kombinieren, können robuste Teilergebnisse abgesichert und gezielt in den nächsten Optimierungsrunden genutzt werden. Diese Vorgehensweise ermöglicht eine effiziente Unterteilung des Parameterraums und verbessert die Nachvollziehbarkeit sowie Steuerbarkeit der einzelnen Schritte.

Die Wahl der Partikelschwarmoptimierung als Optimierungsverfahren hat sich dabei als besonders geeignet erwiesen. Die Methode überzeugte mit ihrer populationsbasierten Suche durch vergleichsweise schnelle Konvergenz und intuitive Struktur. Im praktischen Einsatz zeigte sich die PSO als flexibel genug, um mit den Anforderungen mehrstufiger, nichtlinearer Optimierungsprozesse umzugehen. So konnten auch in komplexen Teilräumen verlässliche und konsistente Lösungen gefunden werden, selbst bei verrauschten oder flachen Fehlerräumen. Unsichere oder uneindeutige Lösungsbereiche zeigten sich hingegen durch unstrukturierte oder fragmentierte Clustermuster. Diese typischen Konvergenzverläufe wurden mithilfe von 3D-Clusterplots visualisiert und erlauben eine direkte Rückkopplung auf die Parametrisierung und das zugrunde liegende Versuchsdesign. Insgesamt leistet die PSO damit einen zentralen Beitrag zur Effizienz und Stabilität des entwickelten Frameworks.

Die Ergebnisse zeigen eine sehr gute Übereinstimmung zwischen Simulation und Messung für zentrale fahrdynamische Größen - sowohl am Zugfahrzeug als auch am Anhänger. Die ermittelten Parameterwerte sind plausibel und über mehrere Testruns konsistent. Darüber hinaus wurde der gültige Einsatzbereich des Modells systematisch dokumentiert.

Die Arbeit trägt somit nicht nur zur präzisen universellen Nachbildung realer Fahrvorgänge für Fahrzeuggespanne bei, sondern stellt auch eine wichtige Grundlage für weitergehende Untersuchungen in nachfolgenden Anwendungen, wie etwa im Rahmen des eCaravan-Projekts, in dem die Energieverbräuche oder Sicherheitsaspekte von Fahrzeuggespannen untersucht werden.

Reflexion und Limitationen

Die im Rahmen dieser Arbeit entwickelte Methodik verfolgt das Ziel einer flexiblen Anwendbarkeit bei gleichzeitig hoher Effizienz. Dennoch bestehen gewisse Limitierungen, die im Hinblick auf Aussagekraft und Übertragbarkeit kritisch einzuordnen sind.

Ausgehend von der Chronologie des eCaravan-Projekts und der vorliegenden Dissertation steht zunächst die verfügbare Datenbasis im Fokus. Informationen zur Validierung von Trailer-Modellen sind in der Literatur bislang nur vereinzelt zu finden. Auch wenn, gestützt auf technisches Fachwissen und etablierte Normen, ein umfangreicher Manöverkatalog erstellt werden konnte, offenbarte die praktische Anwendung im Rahmen der Optimierung Verbesserungspotenzial: Es hat sich gezeigt, dass bestimmte Dynamikgrenzen – etwa bei Seitenbeschleunigung oder Gierrate – überschritten werden müssen, um einzelne Modellkomponenten gezielt zu fordern und ihren Einfluss isoliert untersuchen zu können. Die eingesetzten Testläufe sind zahlreich und unterscheiden sich formal, jedoch decken nur wenige Manöver tatsächlich den hochdynamischen Bereich ab oder kombinieren große longitudinale und laterale Dynamikanteile.

Für zukünftige Anwendungen wird daher empfohlen, den Manöverkatalog um zusätzliche Kreisfahrten, schnelle Bremsmanöver sowie Fahrzustände mit mittlerer Geschwindigkeit und hoher lateraler Dynamik zu erweitern. Dabei ist insbesondere auf eine geeignete Auswahl und Reihenfolge der Geschwindigkeiten zu achten. Rund zehn gezielt ausgewählte Manöver könnten bereits eine belastbare Grundlage für eine effiziente und umfassende Modellvalidierung darstellen.

Im direkten Zusammenhang mit der Art und Dynamik der Testfahrten steht die Planung der Parametrierung innerhalb des Optimierungsverfahrens. Die Optimierung erfolgt schrittweise anhand vordefinierter Parametergruppen. Dabei hat sich gezeigt, dass deren Reihenfolge maßgeblichen Einfluss auf das Ergebnis nimmt: Eine ungünstige Abfolge kann Überkompensationseffekte erzeugen, bei denen ein Parameter bereits zu früh Anpassungen übernimmt, die eigentlich einem später zu optimierenden Parameter zuzuordnen wären.

Dies erfordert vom Anwender ein fundiertes Verständnis für die fahrdynamischen Zusammenhänge sowie eine sorgfältige Planung der Optimierungsstrategie. Bei unzureichender Vorbereitung ist ein verlässliches Ergebnis nicht sichergestellt. Da die fahrphysikalischen Prinzipien jedoch unabhängig vom konkreten Gespannaufbau gelten, kann für ähnliche Fragestellungen auf die in dieser Arbeit entwickelte Struktur – mit aufeinander aufbauenden Fahrdynamikkomponenten – zurückgegriffen werden.

Abschließend ist auf die Limitationen der eingesetzten Fehlerbewertung nach ISO 18571 hinzuweisen: Zwar ermöglicht das Verfahren insgesamt eine objektive Rückführung der Simulation auf reale Messdaten, es zeigt sich jedoch sensibel gegenüber spezifischen Signalcharakteristiken. Bei längeren linearen Signalverläufen oder verrauschten Daten kann es zu sprunghaften Änderungen im DTW-Pfad kommen, wodurch sich trotz geringer realer Abweichung deutliche Unterschiede im Bewertungsergebnis ergeben.

Diese Effekte konnten trotz umfangreicher Signalvorverarbeitung nicht in allen Fällen vollständig kompensiert werden. Hier besteht weiterhin Handlungsbedarf – insbesondere, da die objektive Bewertung von Signalvergleichen weit über das Thema der Fahrzeugsimulation hinaus von Bedeutung ist. Zukünftige Arbeiten könnten den Fokus auf robustere Verfahren zur Rauschunterdrückung und Pfadstabilisierung legen, wobei auch der Einsatz „intelligenter" Bewertungsverfahren in Betracht zu ziehen ist.

Diese Einschränkungen beeinflussen die Verallgemeinerbarkeit der Ergebnisse zwar in Teilen, unterstreichen jedoch zugleich den praxisnahen und realistischen Anspruch der Arbeit. Zugleich eröffnen sie gezielte Ansatzpunkte für zukünftige Weiterentwicklungen.

Trotz der genannten Einschränkungen konnten im Rahmen dieser Arbeit zentrale Fragestellungen beantwortet und ein praxisnaher, wissenschaftlich fundierter Beitrag zur Modellvalidierung im Kontext gekoppelter Fahrzeugdynamik geleistet werden. Der folgende Abschnitt fasst die wesentlichen Erkenntnisse zusammen und ordnet sie in die Struktur der Forschungsfragen ein.

Beitrag der Arbeit

Die Arbeit leistet Beiträge auf methodischer, technischer, praktischer und wissenschaftlicher Ebene. Im Zentrum steht die Entwicklung und exemplarische Anwendung eines Frameworks zur automatisierten Optimierung physikalischer Fahrzeugmodelle auf Basis realer Messdaten. Die Ergebnisse werden im Folgenden den formulierten Forschungsfragen zugeordnet.

(1) Wie lassen sich die Parametrierung und Optimierung eines physikalisch basierten Simulationsmodells automatisieren, ohne an Nachvollziehbarkeit zu verlieren?

    (1.1) Welche methodischen Ansätze eignen sich für die Optimierung nichtlinearer, multiparametrischer Modelle?

    (1.2) Wie kann ein effizientes Framework aufgebaut werden? Wie lassen sich manuelle Eingriffe im Kalibrierprozess reduzieren?

(1.3) Wie kann mit Wechselwirkungen und Abhängigkeiten zwischen Parametern umgegangen werden?

(2) Welche Anforderungen, Grenzen und Möglichkeiten zur Sicherstellung von Validität und Gültigkeit ergeben sich bei der Anwendung auf reale Daten und komplexe Systemmodelle?

(2.1) Welche technischen Herausforderungen treten bei der Modellierung und Bewertung von Fahrzeug-Gespannen auf?

(2.2) Wie (zuverlässig) lassen sich Modellfehler objektiv quantifizieren – insbesondere bei verrauschten oder wenig charakteristischen Signalverläufen?

(2.3) Welche Kriterien eignen sich zur Beurteilung des Optimierungsfortschritts und für den gezielten Abbruch des Verfahrens?

(2.4) Wie lässt sich der Gültigkeitsbereich eines Modells datenbasiert abschätzen und beschreiben?

Methodischer Beitrag: Im methodischen Kern konnte gezeigt werden, wie sich die Optimierung eines physikalischen Fahrzeugmodells weitgehend automatisieren lässt. Mit Hilfe eines partikelbasierten Optimierungsverfahrens (PSO) wurde ein Ansatz entwickelt, der mit der nichtlinearen, multiparametrischen Natur des Modells umgehen kann. (Frage 1.1)

Besonders wirksam erwies sich die gezielte Gruppierung von Parametern, sodass mit iterativer Einengung des Parameterraums durch eine mehrstufige Optimierungsstrategie der Suchraum systematisch erschlossen wurde. Durch vorbereitende Analysen und Planung der Optimierungsrunden lassen sich folgend manuelle Eingriffe reduzieren, ohne die Verlässlichkeit der Optimierung zu gefährden. (Frage 1.2).

Durch die gestufte Abstimmung wurde die Kopplung von Parametern aufgelöst, sodass komplexe Systemverhalten kontrolliert ausbalanciert werden konnten (Frage 1.3).

Technischer Beitrag Ein Alleinstellungsmerkmal liegt in der Anwendung auf ein Fahrzeug-Gespannmodell, bei dem nicht nur das Zugfahrzeug, sondern auch die Anhängerdynamik und Kräfte am Verbindungspunkt modelliert und bewertet werden. Die erhöhte Komplexität des Systems, inklusive zusätzlicher Freiheitsgrade und dynamischer Kopplungen, konnte durch die entwickelte Methodik abgebildet werden. (Frage 2.1)

Trotz unvollständiger oder verrauschter Daten konnten sinnvolle Modellanpassungen erzielt werden. Diese Erfahrungen flossen unmittelbar in die Bewertung der Modellgrenzen sowie in Ansätze zur Sicherung der Validität und Gültigkeit ein (Frage 2).

Praktischer Beitrag Die Methode erwies sich als übertragbar und skalierbar, auch auf Modelle mit einer hohen Zahl an Freiheitsgraden. Für den erfolgreichen Einsatz ist jedoch eine strukturierte Vorbereitung notwendig, insbesondere hinsichtlich der Testmanöver, der Gruppierung von Parametern und der Abfolge der Optimierungsschritte. Eine Überanpassung einzelner Parameter konnte so vermieden werden (Frage 1.2, Frage 1.3).

Ein zentrales Ergebnis ist, dass ein erfahrener Anwender den Optimierungsprozess zwar gezielt beeinflussen kann, der manuelle Aufwand im Vergleich zu herkömmlichen Kalibrierungen aber deutlich reduziert wurde. Der praktische Nutzen der Methode liegt daher nicht nur in der Effizienzsteigerung, sondern auch in ihrer methodischen Nachvollziehbarkeit. (Frage 1.2)

Wissenschaftlicher Beitrag Im Rahmen der Modellbewertung wurden verschiedene Ansätze zur objektiven Fehlerberechnung analysiert und angewendet – mit dem Ziel, die Differenz zwischen Simulation und Messung belastbar zu quantifizieren. Dazu zählen unter anderem gewichtete Fehlerkennzahlen, sensitivitätsbasierte Gewichtungsschemata sowie Clusteringverfahren zur strukturierten Auswertung der Ergebnisvielfalt. Diese Methoden tragen dazu bei, die Aussagekraft der Modellbewertung zu erhöhen und gezielte Rückschlüsse auf Parameterwirksamkeit und Modellgüte zu ermöglichen. (Frage 2.2)

Hierbei wurden auch Grenzen des Verfahrens sichtbar, insbesondere im Zusammenhang mit der DTW-basierten Phasenbewertung, die bei linearen Signalverläufen und Rauschen zu sprunghaften Fehlerwerten führen kann. Die Arbeit diskutiert diese Herausforderungen und leitet daraus potenzielle Verbesserungsansätze ab (Frage 2.2).

Darüber hinaus wurden Strategien zur Beurteilung des Optimierungsfortschritts und zur Definition sinnvoller Abbruchkriterien entwickelt, etwa durch Konvergenz der Parameter oder Aufwand-Nutzen-Abwägungen (Frage 2.3).

Schließlich wurde ein Verfahren zur Abschätzung des Modell-Einsatzbereichs vorgestellt, mit dem sich die Gültigkeitsschranken des Modells datenbasiert eingrenzen lassen (2.4).

Ausblick

Aufbauend auf den Erkenntnissen dieser Arbeit ergeben sich mehrere vielversprechende Perspektiven für weiterführende Arbeiten. Im Zentrum steht dabei die Weiterentwicklung des Frameworks in Richtung einer noch robusteren, umfassenderen und flexibleren Lösung.

Modellerweiterung: Bereits bei der Implementierung des Frameworks wurde Wert auf eine flexible Erweiterbarkeit gelegt. Ein nächster Entwicklungsschritt könnte in der Integration bislang vernachlässigter, optionaler Fahrzeugkomponenten bestehen, etwa des Triebstrangs, der Achskinematik oder detaillierter Aufbaubewegungen. Auch für diese Modellteile wäre zunächst eine methodische Grundlage zu erarbeiten, insbesondere im Hinblick auf die Frage, welche Fahrmanöver zur Parametrierung geeignet sind und welche Parameter dabei relevant werden.

Dabei ist davon auszugehen, dass Synergien bestehen: Ein Teil der bereits durchgeführten Messfahrten dürfte auch für die Kalibrierung dieser erweiterten Modellbereiche nutzbar sein. Ziel sollte stets ein modularer, optional zuschaltbarer Aufbau bleiben, um sowohl komplexe als auch vereinfachte Modellvarianten bedienen zu können, inklusive schneller Abschätzungen bei begrenztem Daten- oder Rechenaufwand.

Optimierungsprozess & Framework: Auch die Steuerungslogik des Frameworks bietet Potenzial zur Weiterentwicklung. Derzeit sind zentrale Abläufe in der PRM-Tabelle definiert – darunter die Gruppierung und Freigabe von Parametern.

Zukünftig könnten adaptive Mechanismen integriert werden, etwa zur dynamischen Auswahl und Gruppierung von Parametern in Abhängigkeit von ihrer Sensitivität und dem letzten Simulationsergebnis. Ebenso denkbar wäre eine automatische Priorisierung einzelner Parametergruppen oder ein intelligentes Ziel-Management, das die Auswahl relevanter Manöver und Parameter an das jeweilige Optimierungsziel anpasst. Solche Ansätze könnten die Effizienz weiter steigern und die Abhängigkeit von manuellem Expertenwissen weiter reduzieren.

Perspektive - Standardisierung und Integration: Langfristig erscheint es sinnvoll, das Verfahren in einen standardisierten Optimierungsprozess zu überführen, der Automatisierung und Domänenwissen systematisch kombiniert. Ein solcher Prozess könnte die Definition individueller Zielgrößen, die Auswahl geeigneter Messdaten, die Konfiguration von Abbruchkriterien sowie die Verwaltung von Parametervarianten oder Sensitivitätsprofilen unterstützen.

Durch den Aufbau entsprechender Datenbanken, etwa mit Benchmarkfahrten, typischen Konvergenzverläufen oder konfigurationsabhängigen Erfahrungswerten, könnten standardisierte, reproduzierbare Optimierungsabläufe für eine Vielzahl von Fahrzeugkonfigurationen realisiert werden.

Methodischer Ausblick: Nicht zuletzt besteht auch auf Bewertungsseite weiterer Forschungsbedarf. Das ISO 18571-basierte Verfahren hat sich als leistungsfähige Grundlage erwiesen, ist aber nicht in allen Szenarien robust, insbesondere bei linearen Signalverläufen oder stark verrauschten Daten. Künftige Arbeiten könnten alternative Metriken mit berücksichtigen, etwa auf Basis von Frequenzbereichen, oder stochastischen Verfahren zur Einschätzung der Modellgüte. Auch hybride Bewertungsansätze, die herkömmliche quantitative Fehlermetriken mit z.B. Plausibilitätsprüfungen oder energiebasierten Skalierungen kombinieren, könnten zur Erhöhung der Bewertungsstabilität beitragen.

Insgesamt stellt sich die entwickelte Methode als tragfähige Grundlage dar, die sich in vielfältigen Anwendungsfeldern weiterentwickeln lässt, etwa zur Validierung neuer Fahrzeugmodelle, zur Parameterkalibrierung bei Versuchsfahrten oder als Bestandteil eines digitalen Zwillings in der Simulation. Damit leistet die Arbeit nicht nur einen Beitrag zur methodischen Automatisierung der Modellvalidierung, sondern schafft zugleich eine praxisnahe Basis für künftige Entwicklungen in der simulationsgestützten Fahrzeuganalyse, insbesondere im Kontext komplexer Gespannsysteme.

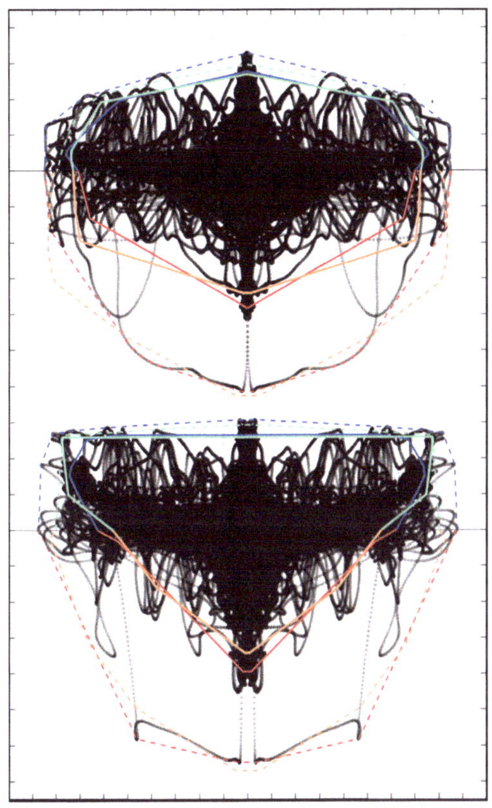

Künstlerische Darstellung der ungefilterten Gespannsdynamik

Literaturverzeichnis

[1] Verification, Validation, and Accreditation (VV&A) Recommended Practices Guide / Department of Defense, United States. 2011. – Forschungsbericht

[2] AMELUNXEN, Hendrik: Fahrdynamikmodelle für Echtzeitsimulationen im komfortrelevanten Frequenzbereich, Universität Paderborn, Dissertation, 2013

[3] BEIELSTEIN, Thomas ; PARSOPOULOS, Konstantinos ; VRAHATIS, Michael: Tuning PSO parameters through sensitivity analysis / Universität Dortmund und University of Patras. 2012. – Forschungsbericht

[4] BENJAMIN, Patschg: Validierung in der Systementwicklung mit retrospektiver Sicht in die Validierung eines Projektes aus dem Elektronikbereich, FH Vorarlberg, mathesis, 2021

[5] BHATTACHARYYA, Shounak ; SIVARAMAKRISHNAN, Suraj: Parameter Optimization of EPAS using CAE, KTH Royal Institute of Technology, mathesis, 2019

[6] BRODERSEN, Ole ; SCHUMANN, Matthias: Einsatz der Particle Swarm Optimization zur Optimierung universitärer Stundenpläne. 2007. – Forschungsbericht

[7] BRÜCKNER, Max: Integration and validation of a Steer by Wire steering model onto a static driving simulator / Hochschule München. 2024. – Forschungsbericht

[8] BUCHHOLZ, Peter: Validierung von Modellen / Technische Universität Dortmund. 2023. – Forschungsbericht

[9] CZITROM, Veronica: One-Factor-at-a-Time versus Designed Experiments, 1999

[10] DÖRR, Dominik ; PANDL, Konstantin D. ; GAUTERIN, Frank: Optimization of System Parameters for an Online Driving Style Recognition / Karlsruher Institut für Technologie. 2016. – Forschungsbericht

[11] GEHRE, Christian ; GADES, Heinrich ; WERNICKE, Phillip: Objective Rating of Signals using Test and Simulation Responses / Partnership for Dummy Technology and Biomechanics. 2009. – Forschungsbericht

© Der/die Herausgeber bzw. der/die Autor(en), exklusiv lizenziert an
Springer Fachmedien Wiesbaden GmbH, ein Teil von Springer Nature 2026
S. T. Maier, *Automatisierte Modelloptimierung für Fahrzeuge mit Anhänger*,
Wissenschaftliche Reihe Fahrzeugtechnik Universität Stuttgart,
https://doi.org/10.1007/978-3-658-51622-2

[12] GLEICHWEIT, Martin: Fahrdynamische Validierung und Bewertung eines Rennfahrzeugmodells anhand realer Fahrzeugmessungen, Technische Universität Graz, Diplomarbeit, 2010

[13] HEYDINGER, Gary J. ; GARROTT, W. R. ; CHRSTOS, Jeffrey P. ; GUENTHER, Dennis A.: A Methodology for Validating Vehicle Dynamics Simulations. In: *SAE Transactions* 99 (1990), Nr. 6

[14] HODGES ; DEWAR: Rahmenwerk für validierbare Modelle nach Hodges und Dewar. 1992

[15] ISO: ISO 9815:2010 Road vehicles — Passenger-car and trailer combinations — Lateral stability test / International Organization for Standardization. 2010. – Forschungsbericht

[16] ISO: ISO 7401:2011 Road vehicles — Lateral transient response test methods — Open-loop test methods / International Organization for Standardization. April 2011. – Forschungsbericht

[17] ISO: ISO 16250:2013 Road vehicles — Objective rating metrics for dynamic systems / International Organization for Standardization. Juli 2013. – Forschungsbericht

[18] ISO: ISO 19364:2016 Passenger cars — Vehicle dynamicsimulation and validation — Steady state circular driving behaviour / International Organization for Standardization. 2016. – Forschungsbericht

[19] ISO: ISO 19365:2016 Passenger cars — Validation of vehicledynamic simulation — Sine with dwellstability control testing / International Organization for Standardization. 2016. – Forschungsbericht

[20] ISO: ISO 18571:2024 Road vehicles — Objective rating metric for non-ambiguous signals / International Organization for Standardization. August 2024. – ISO

[21] KALAISELVI, Thiruvenkadam ; NAGARAJA, Perumal ; ABDUL BASITH, Z.: A Comprehensive and Study on Glowworm and Swarm Optimization. In: *Computational Methods, Communication Techniques and Informatics* Bd. 1, 2017

[22] KAPNOPOULOS, Aristotelis ; ALEXANDRIDIS, Alex: A cooperative particle swarm optimization approach for tuning an MPC-based quadrotor trajectory tracking scheme. In: *Aerospace Science and Technology* 127 (2022). – ISSN 1270-9638

[23] KEERTHAN, Shetty ; EPURI, Venkata Sai N.: Virtual vehicle capabilities towards verification, validation and calibration of vehicle motion control functions, KTH Royal Institute of Technology, mathesis, 2020

[24] KENNEDY, James ; EBERHART, Russel: Particle Swarm Optimization. (1995)

[25] KHALID, Rabiya ; JAVAID, Nadeem: A survey on hyperparameters optimization algorithms of forecasting models in smart grid. In: *Sustainable Cities and Society* (2020). – ISSN 2210-6707

[26] KLOMP, Matthijs ; LJUNGBERG, Marcus ; SALIF, Ramadan ; ATTINGER, Michael ; BLEICHER, Holger ; HOESLI, Steven ; KRATZER, Tim: Virtual Verification of Passenger Vehicle Steering Systems / Volvo Cars and Robert Bosch Automotive Steering GmbH. 2017. – Forschungsbericht

[27] KUTLUAY, Emir ; WINNER, Hermann: Validation of vehicle dynamics simulation models - a review. In: *International Journal of Vehicle Mechanics and Mobility* 52 (2014), Nr. 2

[28] KÜÇÜKAY, Ferit: Grundlagen der and Fahrzeugtechnik and Antriebe and Getriebe and Energieverbrauch and Bremsen and Fahrdynamik and Fahrkomfort. Springer Vieweg, 2022

[29] LIU, Chao ; ZHANG, Yi ; DEUDEL, Clemens ; KOCKSCH, Felix ; KUBENZ, Jan ; PROKOP, Günther: Identification of Kinematic Points Based on KnC Measurements from the Suspension Motion Simulator / Technische Universität Dresden. 2020. – Forschungsbericht

[30] LIU, Yushan: Partikelschwarmoptimierung für diskrete Probleme / Technische Universität München. 2014. – Forschungsbericht

[31] LU, Qian ; SORNIOTTI, Aldo ; GRUBER, Patrick ; THEUNISSEN, Johan ; DE SMET, Jasper: H0 loop shaping for the torque-vectoring control of electric vehicles: Theoretical design and experimental assessment. In: *Mechatronics* 35 (2016), S. 32–43. – ISSN 0957-4158

[32] LUTZ, Albert ; SCHICK, Bernhard ; HOLZMANN, Henning ; KOCHEM, Michael ; MEYER-TUVE, Harald ; LANGE, Olav ; MAO, Yiqin ; TOSOLIN, Guido: Simulation methods supporting homologation of Electronic Stability Control in vehicle variants. In: *International Journal of Vehicle Mechanics and Mobility* 55 (2017), Nr. 10

[33] MAIER, Sebastian ; FREIMANN, Rüdiger ; REUSS, Hans-Christian: The first Self-Propelled Caravan: Design and Validation of Simulation Tools for Powertrain and Safety Feature Development. In: *33nd Electric Vehicle Symposium (EVS33)*, 2020

[34] MARINI, Federico ; WALCZAK, Beata: Particle swarm optimization (PSO). A tutorial. In: *Chemometrics and Intelligent Laboratory Systems* 149 (2015), S. 153–165. – ISSN 0169-7439

[35] MELCHIOR, Jan: Implementierung von Partikel-Schwarm-Optimierung und Vergleich mit einer Evolutionsstrategie, Ruhr-Universität Bochum, bathesis, 2008

[36] NIÇKABADI, Ahmad ; EBADZADEH, Mohammad M. ; SAFABAKHSH, Reza: A novel particle swarm optimization algorithm with adaptive inertia weight. In: *Applied Soft Computing* 11 (2011), Nr. 4. – ISSN 1568-4946

[37] OBERKAMPF, William ; BARONE, Matthew: Measures of agreement between computation and experiment: Validation metrics. / Sandia National Laboratories. 2005. – Forschungsbericht

[38] OBERKAMPF, William ; TRUCANO, Timothy ; HIRSCH, Charles: Verification, validation, and predictive capability in computational engineering and physics. In: *Internatinal Applied Mechanics* 57 (2004), Nr. 5

[39] PEREIRA, Goncalo: Particle Swarm Optimization. (2011)

[40] PUTTEN, Sebastiaan van ; ABEL, Hendrik ; WAGNER, Andreas ; PROKOP, Günther: Optimization of Lateral Vehicle Dynamics by Targeted Dimensioning of the Rim Width. In: *SAE International Journal of Passenger Vehicle Systems* (2015), Nr. 8

[41] QIAN, Yuanzhi ; DARLING, Jos: Formula Student Vehicle Dynamic Simulation / Zhaoqing University and University of Bath. 2024. – Forschungsbericht

[42] RIEDMAIER, Stefan: Model Validation and Uncertainty Aggregation for Safety Assessment of Automated Vehicles, Technische Universität München, Dissertation, 2022

[43] RÖBER, Marcel: Multikriterielle Optimierungsverfahren für rechenzeitintensive technische Aufgabenstellungen, Technische Universität Chemnitz, Diplomarbeit, 2010

[44] SAHA, Sunil ; SAHA, Anik ; SARKAR, Raju ; BHARDWAJ, Dhruv ; KUNDU, Barnali: Integrating the Particle Swarm Optimization (PSO) with machine learning methods for improving the accuracy of the landslide susceptibility model. In: *Earth Science Informatics* (2022)

[45] SALEM, Hend S. ; MEAD, Mohamed A. ; EL-TAWEEL, Ghada S.: Particle Swarm Optimization-Based Hyperparameters Tuning of Machine Learning Models for Big COVID-19 Data Analysis. In: *Journalof Computer and Communications* (2024)

[46] SCHMIDT, Henrik ; BÜTTNER, Kay ; PROKOP, Günther: Methods for Virtual Validation of Automotive Powertrain Systems in Terms of Vehicle Drivability / Technische Universität Dresden. IEEE, 2023. – Forschungsbericht

[47] SCHMITT, Manuel: Konvergenzanalyse für die Partikelschwarmoptimierung, Friedrich Alexander Universität Erlangen–Nürnberg, Dissertation, 2015

[48] SINGH, Abhishek ; THAJUDEEN, Thaseem: A Hybrid Particle Swarm Optimization-Tuning Algorithm for the Prediction of Nanoparticle Morphology from Microscopic Images. (2022)

[49] STANGLMAYR, M. ; BÄUMLER, M. ; BÜTTNER, K. ; PROKOP, G.: Towards Safer Rides: Measuring Motorcycle Dynamics with Smartphones. In: *13th International Motorcycle Conference, Cologne*, 2020

[50] VIEHOF, Michael ; WINNER, Hermann: Stand der Technik und der Wissenschaft: Modellvalidierung im Anwendungsbereich der Fahrdynamiksimulation / Technische Universität Darmstadt. 2017. – Forschungsbericht

[51] WADE-ALLEN, R. ; CHRSTOS, J. P. ; HOWE, G. ; KLYDE, D. H. ; ROSENTHAL, T. J.: Validation of a non-linear vehicle dynamics simulation for limit handling / Systems Technologies Inc. 2002. – Forschungsbericht

[52] WAN, Li: Remote CarMaker Standalone GUI Control from Matlab via TCP. Karlsruhe: IPG Automotive GmbH (Veranst.), Oktober 2019

[53] WEBER, Yannik ; KANARACHOS, Stratis: The Correlation between Vehicle Vertical Dynamics and Deep Learning-Based Visual Target State Estimation: A Sensitivity Study. In: *Sensors* 19 (2019). – ISSN 1424-8220

[54] WENDEBERG, Erik: Using optimization to auto-correlate suspension characteristics to KnC measurements, Chalmers University of Technology, mathesis, 2013

[55] WESTERMARK, Christina: Validation of Vehicle Model in Car Simulator, KTH Royal Institute of Technology, Diplomarbeit, 2013

[56] WIDNER, Attila ; TIHANYI, Viktor ; TETTAMANTI, Tamás: Framework for Vehicle DynamicsModel Validation. (2022)

[57] WOTAWA, Franz ; PEISCHL, Bernhard ; KLÜCK, Florian ; NICA, Mihai: Quality assurance methodologies for automated driving. In: *Elektrotechnik und Informationstechnik* 135 (2018), Nr. 4–5, S. 322–327. – ISSN 1613-7620

[58] YOUNESS, Khourdifi: Heart Disease Prediction and Classification Using Machine Learning Algorithms Optimized by Particle Swarm Optimization and Ant Colony Optimization. In: *International Journal of Intelligent Engineering and Systems* 12 (2018), Nr. 1

[59] YUSOF, Nidzamuddin M. ; KARJANTO, Juffrizal ; TERKEN, Jacques ; DELBRESSINE, Frank ; HASSAN, Muhammad Z. ; RAUTERBERG, Matthias: The Exploration of Autonomous Vehicle Driving Styles: Preferred Longitudinal, Lateral, and Vertical Accelerations. In: *Proceedings of the 8th International Conference on Automotive User Interfaces and Interactive Vehicular Applications*, ACM, Oktober 2016 (AutomotiveUI'16)

[60] YUTING, He: Calibration of Car Following Model with Genetic Algorithm and Particle Swarm Optimization methods / Technische Universität München. 2022. – bathesis

Glossar

Car:Bdy.IX	Trägheitsmoment des Fahrzeugs (ohne Reifen) um die X-Achse (Rollachse)
Car:Bdy.IY	Trägheitsmoment des Fahrzeugs (ohne Reifen) um die Y-Achse (Nickachse)
Car:Bdy.IZ	Trägheitsmoment des Fahrzeugs (ohne Reifen) um die Z-Achse (Gierachse)
Car:Bdy.posX	Position der Fahrzeugkarosserie entlang der X-Achse (Längsrichtung)
Car:Bdy.posY	Position der Fahrzeugkarosserie entlang der Y-Achse (Querachse)
Car:Bdy.posZ	Position der Fahrzeugkarosserie entlang der Z-Achse (Höhe)
Car:Hit.posX	Position der Anhängerkupplungskugel entlang der X-Achse, Ursprung bei Stoßstange h.
Car:Hit.posZ	Position der Anhängerkupplungskugel entlang der Z-Achse, Ursprung bei Stoßstange h.
Car:Str.-RackRatio	Lenkübersetzung von Zahnstange zum Lenkwinkel der Räder
Car:SuF.-DmpPll	Multiplikator der Dämpferkennlinie der Vorderachse beim Ausfedern (Pull)
Car:SuF.-DmpPsh	Multiplikator der Dämpferkennlinie der Vorderachse beim Einfedern (Push)
Car:SuF.Sprng	Multiplikator der Federsteifigkeit der Vorderachse
Car:SuF.Stabi	Multiplikator der Stabilisatorsteifigkeit der Vorderachse
Car:SuR.-DmpPll	Multiplikator der Dämpferkennlinie der Hinterachse beim Ausfedern
Car:SuR.-DmpPsh	Multiplikator der Dämpferkennlinie der Hinterachse beim Einfedern
Car:SuR.Sprng	Multiplikator der Federsteifigkeit der Hinterachse
Car:SuR.Stabi	Multiplikator der Stabilisatorsteifigkeit der Hinterachse
Car:Whl.LGAX	Multiplikator - Radsturz-Einfluss auf longitudinale Kraft
Car:Whl.LKY	Multiplikator - Querschlupf-Einfluss auf laterale Kraft (Schräglaufsteifigkeit)
Car:Whl.LMUX	Multiplikator - maximale longitudinale Reibung
Car:Whl.LMUY	Multiplikator - maximale laterale Reibung

Tra:Aer.Ax	Aerodynamisch wirksame Stirnfläche des Anhängers
Tra:Aer.posX	X-Koordinate der aerodynamischen Kräfte am Anhänger
Tra:Aer.posZ	Z-Koordinate der aerodynamischen Kräfte am Anhänger
Tra:Bdy.IX	Trägheitsmoment des Anhängers um die X-Achse
Tra:Bdy.IY	Trägheitsmoment des Anhängers um die Y-Achse
Tra:Bdy.IZ	Trägheitsmoment des Anhängers um die Z-Achse
Tra:Bdy.posX	Position des Massenschwerpunkts entlang der X-Achse, Kupplung als Ursprung
Tra:Bdy.posY	Position des Massenschwerpunkts entlang der Y-Achse, Kupplung als Ursprung
Tra:Bdy.posZ	Position des Massenschwerpunkts entlang der Z-Achse, Kupplung als Ursprung
Tra:Brk.Delay	Verzögerung der Bremskraftentwicklung der Anhänger-Auflaufbremse
Tra:Brk.Fmin	Minimale Kraft zur Betätigung der Anhänger-Auflaufbremse
Tra:Brk. Ratio	Bremskraftverstärkung der Anhänger-Auflaufbremse
Tra:SuF.- DmpPll	Multiplikator der Dämpferkennlinie der Anhängerachse beim Ausfedern
Tra:SuF.- DmpPsh	Multiplikator der Dämpferkennlinie der Anhängerachse beim Einfedern
Tra:SuF.Sprng	Multiplikator der Federsteifigkeit der Anhängerachse
Tra:Whl.- AlgnTrq	Steifigkeit des Rückstellmoments (Aligning Torque) am Anhängerreifen
Tra:Whl.LatFrc	Steifigkeit der Seitenkraftübertragung am Anhängerreifen
Tra:Whl.LonFrc	Steifigkeit der Längskraftübertragung am Anhängerreifen
CAN	*Controller Area Network* – ein standardisiertes, robustes Bussystem zur seriellen Kommunikation zwischen elektronischen Steuergeräten im Fahrzeug. CAN erlaubt den Austausch von Sensor- und Steuerinformationen in Echtzeit und bildet eine zentrale Grundlage für Messdatenerfassung und Fahrzeugsimulation
CarMaker	Simulationssoftware der Firma IPG Automotive zur modellbasierten Entwicklung und virtuellen Erprobung von Fahrzeugfunktionen unter realitätsnahen Bedingungen
Fitnesswert	Ein numerischer Wert zur Bewertung der Modellgüte im Vergleich zu Referenzdaten

generalisierend	Die Fähigkeit eines Modells, auch für nicht explizit trainierte oder optimierte Szenarien gute Ergebnisse zu liefern
GMM	Abkürzung für *Gaussian Mixture Model* – ein Modell zur Beschreibung komplexer Verteilungen als gewichtete Überlagerung mehrerer normalverteilter Komponenten. GMMs werden u. a. für Clustering, Dichteschätzung und die Identifikation von Strukturen in hochdimensionalen Daten eingesetzt
Gültigkeits-bereich	Der Bereich, in dem ein Simulationsmodell valide Ergebnisse liefert
IMU	Abkürzung für *Inertial Measurement Unit*; ein Sensorsystem, das typischerweise Beschleunigungen und Drehraten in mehreren Achsen misst, meist bestehend aus Beschleunigungssensoren und Gyroskopen
ISO 18571	Eine Norm zur quantitativen Bewertung von Zeitverläufen in der Fahrdynamiksimulation
ISO-Fehler	Fehlerkennwert gemäß ISO 18571 zur Bewertung der Übereinstimmung zwischen gemessenen und simulierten Zeitverläufen
MATLAB	Eine Software der Firma MathWorks. Diese Software wird zur Entwicklung und zur Simulation unterschiedlicher Systeme verwendet.
MEMS	Abkürzung für *Micro-Electro-Mechanical Systems*; mikrosystemtechnisch gefertigte Bauelemente, die mechanische und elektronische Komponenten kombinieren, z. B. zur Realisierung kompakter Sensoren in IMU-Systemen
Optimierungs-runde	Ein abgeschlossener Schritt im Optimierungsprozess, bei dem definierte Parameter angepasst und bewertet werden
Parameterraum	Die Menge aller möglichen Kombinationen der modellrelevanten Parameter
PSO	Partikelschwarmoptimierung, ein stochastisches Verfahren zur globalen Optimierung, bei dem mehrere Lösungskandidaten als Teilchen durch den Parameterraum bewegt werden
Robustheit	Die Fähigkeit eines Modells, auch bei Veränderungen der Eingangsdaten oder Parameter stabile Ergebnisse zu liefern
Sensitivitäts.-analyse	Untersuchung, wie stark sich Änderungen einzelner Parameter auf die Modellantwort auswirken
Testlauf	Ein vollständiger Simulationsdurchlauf mit definierten Parametern und Eingangsgrößen

Validierung	Der Prozess zur Überprüfung der Modellgüte anhand von Vergleichsdaten
V&V	Kurzform für Verifikation und Validierung. *Verifikation* prüft, ob ein Modell korrekt umgesetzt wurde und mit seinen Anforderungen bzw. Spezifikationen übereinstimmt („Bauen wir das Modell richtig, ist das Modell korrekt implementiert?"). *Validierung* prüft hingegen, ob das Modell die Realität ausreichend zutreffend abbildet („Verhält sich das Modell so, wie das echte System?"). Beide Schritte sind zentrale Elemente in der Modellbildung und Qualitätssicherung technischer Simulationen.
Zustandsraum	Die Gesamtheit aller möglichen Systemzustände, etwa bezüglich Geschwindigkeit, Beschleunigung und Lage